1 Allgemeine Physiologie

1.1 Membranphysiologie

Osmose

- Definition
- Osmotischer Druck und Van t'Hoff-Gleichung
- Osmolarität
- Osmolalität
- Isotone Lösungen
- Solvent-drag-Effekt
- Kolloidosmotischer Druck und Ödembildung

Definition
Diffusion von Lösungsmitteln durch eine semipermeable (halbdurchlässige) Membran

Osmotischer Druck
Druck der nicht diffusiblen Teilchen auf die semipermeable Membran:

$P_{osm} = n / V \times RT$ **(Van t'Hoff-Gleichung)**

n = Teilchenzahl; V = Volumen; R = allg. Gaskonstante; T = absolute Temperatur

Osmolarität
osmotisch wirksame Stoffmenge pro Liter Lösung (osm/l)

Osmolalität
osmotisch wirksame Stoffmenge pro Kilogramm Lösungsmittel (osm/kg)

Isotone Lösungen
Isotone Lösungen haben den gleichen osmotischen Druck wie das Plasma (ca. 750 kPa = 5600 mmHg = 7,3 at)

Solvent-drag-Effekt
Der osmotische Lösungsmittelstrom kann kleinere gelöste Teilchen, z. B. Elektrolyte, mit sich reißen und sie durch die semipermeable Membran transportieren.

Kolloidosmotischer (onkotischer) Druck
- Druck kolloidal gelöster Proteine
- im Plasma stark durch die Albuminkonzentration bestimmt
- Plasmaproteinkonzentration ↓ ⇒ kolloidosmotischer Druck ↓ ⇒ Flüssigkeitsauswärtsstrom ins Interstitium oder Zellen ↑ ⇒ **Ödembildung**

1.1 Membranphysiologie

Zellmembran

Aufbau

Fluid-mosaic-Modell

Permeabilität fett- und wasserlöslicher Substanzen

Aufbau

Phospholipid-Doppelschicht **(Bilayer)** mit eingelagerten Proteinen, die teils die Membran ganz durchqueren, teils nur in der Innen- oder Außenschicht verankert sind; nach außen sind den Membranbausteinen Oligosaccharide angeheftet **(Glykokalyx)**.

Fluid-mosaic-Modell

- Durch die geringen Bindungskräfte zwischen den Lipiden können diese lateral diffundieren; die Membran ist in gewissen Grenzen „flüssig".
- Die „sperrigen" ungesättigten Fettsäuren erhöhen die Fluidität.

Permeabilität fett- und wasserlöslicher Substanzen

Fettlösliche bzw. unpolare Substanzen und Gase permeieren die Membran gut, wasserlösliche bzw. geladene Substanzen (z. B. Elektrolyte) schlecht: Sie benötigen Kanäle oder Transporter **(Carrier)**.

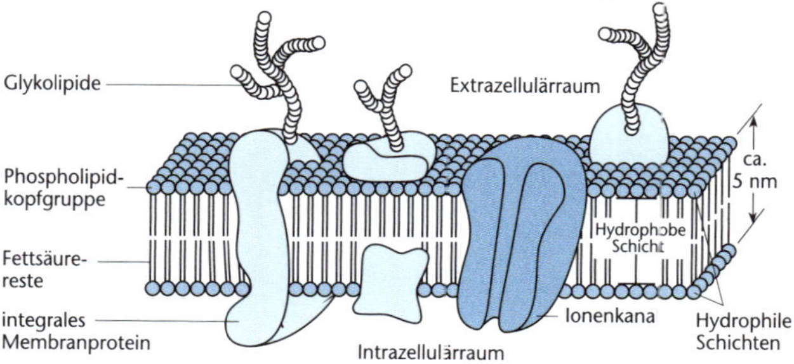

Abb. 1.1: Aufbau einer Plasmamembran [1]

1.1 Membranphysiologie

Passiver Transport

Diffusion

1. Fick'sches Diffusionsgesetz

Permeabilitätskonstante

Bewegung von Ionen im elektrischen Feld

Diffusionspotentiale

Erleichterte Diffusion

Diffusion
Gerichtete Teilchenbewegung vom Ort höherer zum Ort niedrigerer Konzentration

1. Fick'sches Diffusionsgesetz
$dn / dt = -D \times F \times dc / dx$
dn / dt = Substanzmenge / Zeit
D = Diffusionskoeffizient
F = Diffusionsfläche
dc = Konzentrationsunterschied
dx = Diffusionsstrecke

Permeabilitätskonstante
gibt an, wie schnell ein Stoff die Membran passieren kann (m/s)

Bewegung von Ionen im elektrischen Feld
Im elektrischen Feld erfolgt auch ohne Konzentrationsgradient eine Nettobewegung von Ionen.

Diffusionspotentiale
Bei der unterschiedlichen Diffusion von Anionen und Kationen entlang ihrem Konzentrationsgradienten entstehen elektrische Potentiale an der Membran, welche die Diffusion hemmen.

Erleichterte Diffusion
Bei erleichterter Diffusion enthält die Membran für den diffundierenden Stoff spezifische Carrier (sättigbar!). Treibende Kraft ist wie bei der einfachen Diffusion der Konzentrationsgradient; kein ATP-Verbrauch (passiver Transport!).

1.1 Membranphysiologie

Aktiver Transport

Definition

Primär aktiver Transport

Sekundär aktiver Transport

Symport

Antiport

Hemmung

Definition

Energieverbrauchende Transporte gegen Konzentrations-, Druck- oder elektrische Gradienten

Primär aktiver Transport

- Die für den Transport benötigte Energie (z. B. ATP) wird dem Stoffwechsel direkt entnommen.
- Bsp.: Na^+-K^+-ATPase

Sekundär aktiver Transport

- Statt direkten ATP-Verbrauchs wird ein elektrochemisches Potential als Transportmotor genutzt, welches zuvor durch einen primär aktiven Transport geschaffen wurde.
- Bsp.: Na^+-Glucose-Symport (Darmschleimhaut)

Symport

- Die verschiedenen Teilchen eines sekundär aktiven Transports werden in die gleiche Richtung transportiert.
- Bsp.: Na^--Glucose-Symport

Antiport

- Die verschiedenen Teilchen eines sekundär aktiven Transports werden in entgegengesetzter Richtung transportiert.
- Bsp.: Na^+-Ca^{2+}-Antiport

Hemmung

- **direkt:** spezifische Hemmung des Transportschritts (z. B. Strophanthin-G, Phlorizin, einige Natriuretika)
- **indirekt:** Hemmung der Energiebereitstellung (z. B. O_2-Mangel, Dinitrophenol, CN^-, H_2S)

1.1 Membranphysiologie

Die Na^+-K^+-ATPase

Lokalisation

Transportbilanz

Energieverbrauch

Elektrogenität

Hemmstoffe

Lokalisation	basolaterale Zellmembran (Innenseite)
Transportbilanz	• 3 Na^+ aus der Zelle heraus • 2 K^+ in die Zelle hinein
Energieverbrauch	• pro Transportvorgang 1 ATP • insgesamt ca. 1/3 des Energieumsatzes der Zelle
Elektrogenität	• Die Na^+-K^+-Pumpe baut nicht nur einen Konzentrationsgradienten auf. Durch das ungleiche Kopplungsverhältnis (3 positive Ladungen aus der Zelle heraus, 2 hinein) entsteht auch ein elektrischer Gradient. • Trägt daher –10 bis –20 mV zum Ruhemembranpotential bei
Hemmstoffe	Digitalisglykoside, z. B. Strophanthin-G (= Ouabain) ⟹ Ruhemembranpotential wird positiver

1.2 Elektrische Phänomene an der Zelle

Ionenverteilung intra- und extrazellulär

K^+

Na^+

Ca^{2+}

Cl^-

HCO_3^-

Große Anionen

Ionenverteilung intra- und extrazellulär (gerundete Merkwerte)

	Intrazelluläre Konzentration (mmol/l)	Extrazelluläre Konzentration (mmol/l)	Konzentrationsverhältnis intra- zu extrazellulär
K^+	150	5	30:1
Na^+	15	150	1:10
Ca^{2+}	10^{-5} (teilweise 10^{-8})	1	$1:10^5$
Cl^-	6	120	1:20
HCO_3^-	8	27	1:3,4
A^- (große Anionen)	155	5	31:1

1.2 Elektrische Phänomene an der Zelle

Gleichgewichtspotentiale

K^+-Gleichgewichtspotential

Na^+-Gleichgewichtspotential

Vereinfachte Nernst-Gleichung

K^+-Gleichgewichtspotential

(1) Der Konzentrationsgradient für K^+ (innen hohe, außen niedrige Konzentration) lässt K^+-Ionen durch einen spezifischen K^+-Kanal nach außen diffundieren.
(2) Die Zelle verliert dadurch positive Ladungen, Anionen bleiben zurück: Die Zellmembran lädt sich innen gegen außen negativ auf.
(3) Das sich während des K^+-Ausstroms vergrößernde negative Potential hält das positive K^+-Kation immer mehr zurück, bis beim Erreichen des K^+-Gleichgewichtspotentials an der Zellmembran **(ca. –97 mV)** keine Nettodiffusion mehr stattfindet, da chemischer und elektrischer Gradient jetzt gleich groß und entgegengerichtet sind.

Na^+-Gleichgewichtspotential

- Entsteht analog zum K^+-Gleichgewichtspotential. Die Na^+-Verteilung (innen niedrige, außen hohe Konzentration) bedingt jedoch, dass chemischer und elektrischer Gradient entgegengesetzt zum K^+-Gleichgewicht sind.
- ca. **+60 mV**

Vereinfachte Nernst-Gleichung

$E = -61 \lg C_i / C_e$
E = Gleichgewichtspotential (mV) eines Ions
C_i = intrazelluläre Konzentration des Ions
C_e = extrazelluläre Konzentration des Ions
Wegen der vereinfachten Formel muss man bei mehrwertigen Ionen das Ergebnis durch die Ladungszahl teilen (z. B. bei Ca^{2+} durch 2).

1.2 Elektrische Phänomene an der Zelle

Ruhemembranpotential

Entstehung

Berechnung

Entstehung

Das Ruhemembranpotential wird von den Gleichgewichtspotentialen der permeablen Ionen bestimmt, hauptsächlich vom K^+-Gleichgewichtspotential, da die Zellmembran für K^+ weit besser durchlässig ist (viele K^+-Kanäle) als für Na^+ oder Cl^-.

Berechnung

- Die **Goldman-Hodgkin-Katz-Gleichung** (vereinfacht) ist der Nernst-Gleichung ähnlich, berücksichtigt aber alle relevanten Ionen.

  $$E = -61 \lg \frac{P_{K^+} \times [K^+]_i + P_{Na^+} \times [Na^+]_i + P_{Cl^-} \times [Cl^-]_e}{P_{K^+} \times [K^+]_e + P_{Na^+} \times [Na^+]_e + P_{Cl^-} \times [Cl^-]_i}$$

  E = Ruhemembranpotential (mV)
  P_X = Permeabilitätskonstante des Ions X (m/s)
  $[X]_i$ = Intrazelluläre Konzentration des Ions X (mol)
  $[X]_e$ = Extrazelluläre Konzentration des Ions X (mol)
- Für erregbare Zellen errechnet sich ein Ruhemembranpotential von ca. **–70 bis –90 mV.**

1.3 Signalübertragung in Zellen

Die cAMP-Kaskade

Auslösung

Ablauf

Beeinflussung durch Pharmaka und Gifte

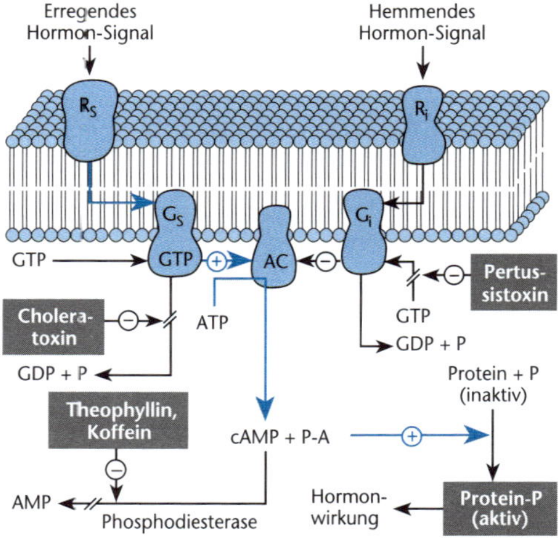

R_S = stimulierender Rezeptor, R_i = inhibierender Rezeptor, G_S = stimulierendes G-Protein, AC = Adenylatcyclase, P-A = Proteinkinase A, P = Phosphat

Abb. 1.2: Die cAMP-Kaskade [1]

1.3 Signalübertragung in Zellen

Die IP_3-Kaskade

Auslösung

Ablauf

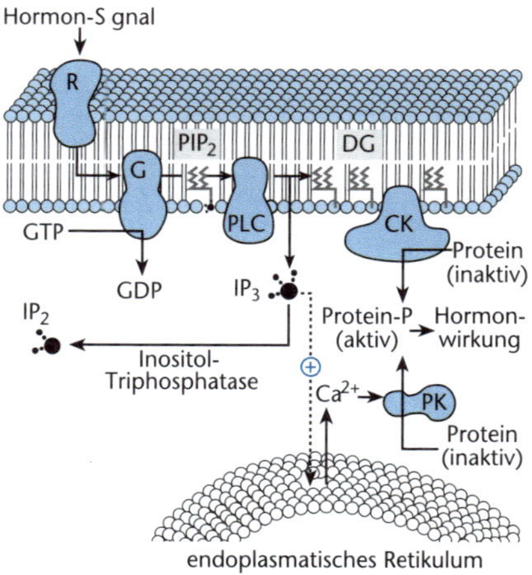

R = Rezeptor, G = G-Protein, PLC = Phospholipase C, IP_3 = Inositoltri-phosphat, CK = C-Kinase, DG = Diacylglycerin, PIP_2 = Phosphatidylinosin-diphosphat, PK = Proteinkinase, PLC = Phospholipase C

Abb. 1.3: Die IP_3-Kaskade [1]

☞ Anders als bei der cAMP-Kaskade gibt es bei der IP_3-Kaskade **keine** hemmenden G-Proteine.

2.1 Hämatologie

!!!

Normalwerte

Blutvolumen

Hämatokrit

Erythrozyten

Hämoglobin

Leukozyten

Thrombozyten

Gesamteiweiß

pH

	Normalbereich	Anmerkung
Blutvolumen	4–6 l	6–8 % des Körpergewichts
Hämatokrit	45–52 % (m) 37–48 % (f)	Anteil der Zellen am Blutvolumen (mengenmäßig v.a. Erythrozyten)
Erythrozyten	5,4 Mio/µl = $5{,}4 \times 10^{12}$/l (m) 4,8 Mio/µl = $4{,}8 \times 10^{12}$/l (f)	Sind Erythrozytenzahl (und damit der Hämatokrit) und/oder der Hämoglobingehalt des Blutes erniedrigt, spricht man von einer **Anämie.**
Hämoglobin	13–18 g/dl (m) 12–16 g/dl (f)	
Leukozyten	4.300–10.800/µl	–
Thrombozyten	150.000–350.000/µl	–
Gesamteiweiß	6,0–8,4 g/dl	mengenmäßig v.a. Albumin
pH	7,37–7,43 (art.) 7,34–7,38 (ven.)	Ist der pH-Wert des Blutes über den Referenzbereich erhöht, spricht man von einer **Alkalose**, bei einer Erniedrigung von einer **Azidose.**

2.1 Hämatologie

!!!

Erythrozyten I

Zytologische Besonderheiten

Hauptaufgabe

Bildung

Lebensdauer

Zytologische Besonderheiten
- flache, runde, bikonkave Scheiben mit 7,5 µm Durchmesser
- kein Zellkern, keine Mitochondrien, kein ER
- Energiebedarfsdeckung über anaerobe Glykolyse

Hauptaufgabe
Atemgastransport im Blut

Bildung
- Aus Stammzellen im Knochenmark entstehen reife Erythrozyten u. a. über die Vorstufe **Retikulozyten** („junge Erythrozyten", normal 0,5–1,5 % der Erythrozyten).
- pro Tag Neubildung von ca. 2×10^{11} Erythrozyten
- Regulation: Erythropoetin (Niere) ↑ ⟹ Erythrozytenbildung ↑
- Eine erhöhte Retikulozytenzahl im Blut lässt auf eine gesteigerte Erythropoese schließen (z. B. nach Hämolyse, Blutverlust).

Lebensdauer
- 120 Tage
- Abbau in Knochenmark (RES), Milz, Leber

2.1 Hämatologie

!!!

Erythrozyten II

MCV

MCH

MCHC

MCV

- mean corpuscular volume (mittleres Volumen des einzelnen Erythrozyten)
- MCV (μm^3) = Hämatokrit (%) × 10/Erythrozytenzahl (10^{12}/l)
- Referenzwert 86–98 μm^3 (= Femtoliter, fl)

MCH

- mean corpuscular hemoglobin (mittlere Hämoglobinmasse des einzelnen Erythrozyten)
- MCH (pg) = Hämoglobin (g/dl) × 10/Erythrozytenzahl (10^{12}/l)
- Referenzwert 27–32 pg

MCHC

- mean corpuscular hemoglobin concentration (durchschnittliche Hämoglobinkonzentration der Erythrozyten, d. h. bezogen auf das Erythrozyten-Volumen)
- MCHC (g/dl) = Hämoglobin (g/dl) × 100/Hämatokrit (%)
- Referenzwert 32–36 g/dl

2 Blut und Immunsystem

2.1 Hämatologie

! ! !

Blutkörperchensenkungsgeschwindigkeit (BSG)

Messung

Ursachen veränderter BSG

Messung

- ungerinnbar gemachtes Venenblut (1,6 ml Blut + 0,4 ml Na-Citrat) in 200 mm langes Glasröhrchen ⟹ Erythrozyten sinken nach unten (Beschleunigung durch **Agglomerine**, z. B. Stoffe, die bei Entzündungsvorgängen frei werden) und trennen sich vom Plasma.
- Messung der Plasmasäule nach 1 Stunde
  Normalwerte:
  bis 15 mm (m), bis 20 mm (f)

☞ In höherem Lebensalter sind auch etwas höhere Werte noch normal.

Ursachen veränderter BSG

BSG	mögliche Ursachen
erhöht	entzündliche Prozesse, Gewebezerfall, Tumoren, Anämie, Makrozytose, Schrankenstörung (Niere), Schwangerschaft
erniedrigt	Polyglobulie, Mikrozytose, Synthesestörung (Leber), Neugeborene

2.1 Hämatologie

!!!

Blutplasma

Zusammensetzung

Osmolalität

Serum

Plasmaproteine

Zusammensetzung 90 % Wasser, 10 % feste Bestandteile (Proteine, Elektrolyte, Kohlenhydrate, Lipide, Vitamine, Enzyme)

Osmolalität 280–295 mosm/kg (entspricht 0,9 %iger NaCl-Lösung)

Serum

- Plasma nach Ablauf der Gerinnung
- Serum enthält daher u. a. kein Fibrinogen mehr

Plasmaproteine

- Wasserbindung
- Nährfunktion (Energiespeicher)
- Trägerfunktion (niedermolekulare Stoffe, Arzneimittel)
- Pufferfunktion (10 % der Gesamtpufferkapazität)
- Abwehrfunktion

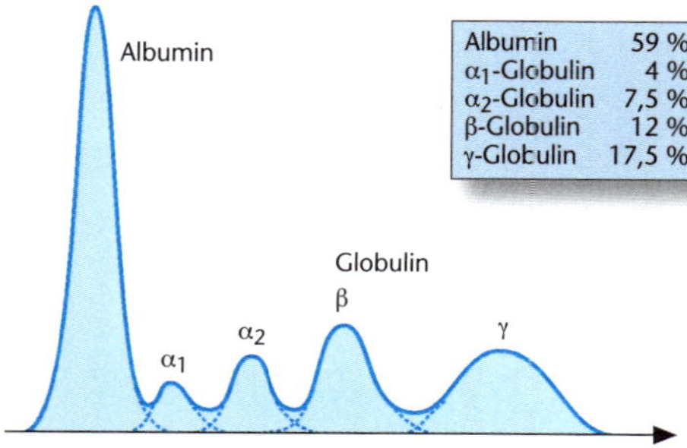

Albumin	59 %
α_1-Globulin	4 %
α_2-Globulin	7,5 %
β-Globulin	12 %
γ-Globulin	17,5 %

Abb. 2.1: Elekrophoretische Auftrennung der Plasmaproteine [1]

2.1 Hämatologie

!!!

Anämieformen

Normochrome Anämie

Hypochrome Anämie

Hyperchrome Anämie

Mikrozytäre Anämie

Makrozytäre Anämie

Kugelzellanämie

Sichelzellanämie

Form	Kennzeichen	Ursachen
Normochrome Anämie	MCH normal	akuter Blutverlust
Hypochrome Anämie	MCH ↓	Eisenmangel
Hyperchrome Anämie	MCH ↑	Vit.-B_{12}-, Folsäuremangel
Mikrozytäre Anämie	MCV ↓	Eisenmangel, Thalassämien
Makrozytäre Anämie	MCV ↑	Vit.-B_{12}-, Folsäuremangel
Kugelzellanämie	Sphärozytenform der Erythrozyten	erblich bedingte verminderte osmotische Resistenz
Sichelzellanämie	sichelförmige Erythrozyten	anormales Hämoglobin (HbS)

2.2 Hämostase und Fibrinolyse

!!!

Primäre Hämostase: Blutstillung

Gefäßkontraktion

Thrombozytenadhäsion

Reversible Thrombozytenaggregation

Irreversible Thrombozytenaggregation

Blutungszeit

Gefäßkontraktion

Auslöser:
- Endothelläsion
- Serotonin und Thromboxan A_2 aus Thrombozyten
- Katecholamine

Thrombozytenadhäsion

Anlagerung an subendotheliale Strukturen vermittelt durch den **von-Willebrand-Faktor** (vWF)

Reversible Thrombozytenaggregation

Auslöser:
- freiliegendes Kollagen
- Ca^{2+}, ADP und Thromboxan A_2 aus Thrombozyten
- Plättchen-aktivierender Faktor (PAF) aus Thrombozyten und Leukozyten

Irreversible Thrombozytenaggregation

Thrombin aus bereits gestarteter Gerinnungskaskade ⟹ homogene Verschmelzung der Thrombozyten **(„weißer Thrombus")** über den GP IIb/IIIa-Rezeptorkomplex

Blutungszeit

- normal: 1–3 Minuten
- bei Thrombozytopenie verlängert

2.2 Hämostase und Fibrinolyse

!!!

Hemmung der primären Hämostase

Prostacyclin (PGI_2)

Acetylsalicylsäure (ASS)

Prostacyclin (PGI_2)

- Abgabe durch intakte Endothelzellen
- vermindert eine überschießende Thrombozytenaggregation
- wirkt gefäßerweiternd

Acetylsalicylsäure (ASS)

- ASS hemmt die **Cyclooxygenase** in den Thrombozyten $\Rightarrow$ Synthese von Thromboxan A_2 $\downarrow$
- z.B. Aspirin®

Die hemmende Wirkung auf die Cyclooxygenase durch ASS ist irreversibel. Da die kern- und organellenlosen Thrombozyten keine Cyclooxygenase nachsynthetisieren können, hält die gerinnungshemmende Wirkung von ASS so lange an, bis neue Thrombozyten gebildet wurden (bis ca. eine Woche)!

2.2 Hämostase und Fibrinolyse !!!

Sekundäre Hämostase: Blutgerinnung

Intrinsisches System

Extrinsisches System

Gemeinsame Endstrecke

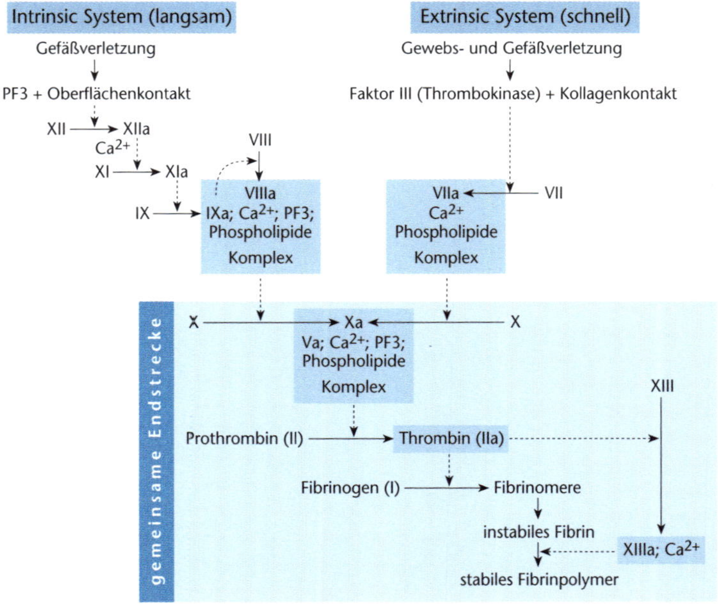

Abb. 2.2: Schema der Blutgerinnung [2]

Hemmung der sekundären Hämostase

Körpereigene Gerinnungshemmer

In-vitro-Hemmstoffe

In-vivo-Hemmstoffe

Körpereigene Gerinnungshemmer

- Antithrombin III
- Protein C
- Protein S
- α_1-Antitrypsin
- C1-Inaktivator

Hemmstoffe in vitro und in vivo

Substanz	Wirkung	in vitro	in vivo
Na-Citrat	Chelatkomplexbildung mit Ca^{2+}	✓	–
Na-Oxalat	Chelatkomplexbildung mit Ca^{2+}	✓	–
EDTA	Chelatkomplexbildung mit Ca^{2+}	✓	–
Heparin	steigert Affinität von Antithrombin III zu Thrombin um den Faktor 1000	✓	✓
Vitamin-K-Antagonisten (Cumarine)	Hemmung der Vitamin-K-abhängigen Synthese von Faktor **II, VII, IX** und **X** in der Leber ⇒ keine sofortige gerinnungshemmende Wirkung! ☞ Eselsbrücke zum Merken der Faktoren: „1972"	–	✓

2.2 Hämostase und Fibrinolyse

! ! !

Fibrinolyse

Ablauf

Aktivatoren

Hemmstoffe

Ablauf
- Aktivierung von Plasminogen zu Plasmin
- Plasmin spaltet proteolytisch Fibrin sowie Faktor V, VIII, IX, XI und XII

Aktivatoren
- Faktor XII (Proaktivatoren: Kininogen, Präkallikrein, Kallikrein)
- tPA (tissue-type plasminogen activator)
- Urokinase (aus Nierenepithelzellen)
- Streptokinase (aus Streptokokken)

Hemmstoffe
- α_2-Antiplasmin
- ε-Aminocapronsäure

2.2 Hämostase und Fibrinolyse

!!!

Diagnostik

Gerinnungszeit

Prothrombinzeit (Quick-Test)

Partielle Thromboplastinzeit (PTT)

Thrombinzeit (TT)

Klinische Gerinnungstests

Test	bestimmt	Normwert	verlängert bei
Gerinnungszeit	intrinsisches System und gemeinsame Endstrecke	5–7 min	Fehlen von oder Mangel an Gerinnungsfaktoren, z. B. Hämophilie A (Faktor VIII), Hämophilie B (Faktor IX)
Prothrombinzeit (Quick-Test)	extrinsisches System und gemeinsame Endstrecke	14±2 s (=100 %)	Cumarineinnahme
Partielle Thromboplastinzeit (PTT)	intrinsisches System und gemeinsame Endstrecke	40–50 s	Fehlen von oder Mangel an Gerinnungsfaktoren, z. B. Hämophilie A (Faktor VIII), Hämophilie B (Faktor IX); Vollheparinisierung
Thrombinzeit (TT)	Fibrinogen	17–24 s	Fibrinogenmangel

☞ In der Klinik dient der Quick-Test der Überwachung einer Cumarin-Therapie, die PTT der Überwachung einer Heparintherapie.

2.3 Immunologie

!!!

Übersicht

Immunogene

Unspezifische Abwehr

Spezifische Abwehr

Immunogene

- **Antigene** = Stoffe, die als fremd erkannt werden und eine Immunreaktion auslösen:
  - partikuläre Antigene (Bakterien, Viren, Pilze, Protozoen)
  - gelöste Antigene (Proteine, Polysaccharide, Lipide, Nukleinsäuren, Molekulargewicht > 4.000 D)
  - **Haptene:** Normalerweise nicht immunogene Stoffe (Molekulargewicht < 4.000 D), erst immunogen nach Bindung an Trägerstoffe, relevant z. B. bei Arzneimittelallergien
- **Epitop** (antigene Determinante) = Bezirk eines Makromoleküls, mit dem die Antikörper reagieren

Unspezifische Abwehr

- **unspezifische (angeborene) zelluläre Abwehr**
  - neutrophile und eosinophile Granulozyten (Mikrophagen)
  - Monozyten und Makrophagen
  - NK (natürliche Killer)-Zellen
- **unspezifische (angeborene) humorale Abwehr**
  - Komplementsystem
  - Lysozym, Interferone, Akute-Phase-Proteine

Spezifische Abwehr

- **spezifische (erworbene) zelluläre Abwehr:** T-Lymphozyten
- **spezifische (erworbene) humorale Abwehr:** B-Lymphozyten (Antikörperproduktion nach Umwandlung zu Plasmazellen)

2.3 Immunologie

! ! !

Leukozyten

Konzentration

Abstammung

Reifung der Lymphozyten

Leukozyten-Differentialblutbild

Konzentration 4.000–10.000/μl Blut

Abstammung pluripotente Stammzellen des Knochenmarks

Reifung der Lymphozyten
1. Prägung in den primären lymphatischen Organen: Thymus (T-Lymphozyten) bzw. Knochenmark (B-Lymphozyten)
2. nach Reifung Besiedelung der sekundären lymphatischen Organe (Milz, Tonsillen, Lymphknoten, Lymphfollikel), < 2% zirkulieren im Blut

Leukozyten-Differentialblutbild (Erwachsener)

Zelltyp	Anteil (%)	Funktion	Inhaltsstoffe
Neutrophile Granulozyten, stabkernige („junge") und segmentkernige („ausgereifte")	55–70	Phagozytose	Leukotriene, Thromboxane, Prostaglandine
Eosinophile Granulozyten	2–4	Phagozytose	Peroxidasen, Katalasen, Proteasen
Basophile Granulozyten	< 1	wenig bekannt	Histamin, Heparin, Proteasen
Monozyten	2–6	Phagozytose	Peroxidasen, Hydrolasen
Lymphozyten	25–40	spez. Abwehr	–

2.3 Immunologie

Komplementsystem

Struktur

Aktivierung

Funktionen

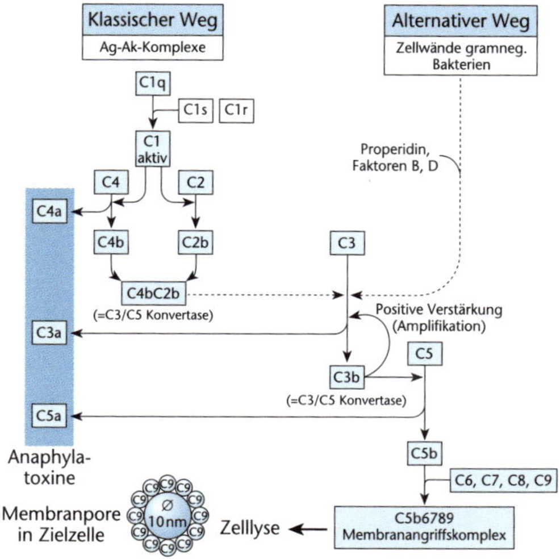

Abb. 2.3: Komplementkaskade [2]

Struktur

komplexes Enzymsystem in Blut und Gewebe aus 20 Glykoproteinen, die in einer festgelegten Reihenfolge kaskadenartig miteinander reagieren und in eine gemeinsame Endstrecke münden

Aktivierung

- „**klassischer Weg**", ausgelöst durch Antigen-Antikörper-Komplexe
- „**alternativer Weg**", ausgelöst durch Stoffe aus Bakterien, Viren, Pilzen, Protozoen

Funktionen

- **C3a, C5a:** Aktivierung von Phagozyten, Chemotaxis, Beitrag zu Entzündungsreaktionen
- **C3b:** Auflösung von Immunkomplexen, Opsonierung (wörtlich „Leckermachen", also Markierung für Phagozyten) ⟹ Verbesserung der antikörperabhängigen Phagozytose
- **Membranangriffskomplex C5b–C9:** Zytolyse von mit Antikörper besetzten Zielzellen

2.3 Immunologie

! ! !

Unspezifische humorale Abwehr

Lysozym

Interferone

Akute-Phase-Proteine

Lysozym

in Körpersekreten vorkommendes Enzym, das in der Lage ist, die Wandstrukturen bestimmter Bakterien hydrolytisch zu spalten

Interferone

- von Leukozyten (α-Interferon), Fibroblasten (β-Interferon) und T-Lymphozyten (γ-Interferon) gebildetes Protein
- Wirkungen:
  - antiviral (Hemmung der Virus-Replikation)
  - antiproliferativ (Hemmung des Normal- oder Tumorzellwachstums)
  - immunmodulatorisch
  - Aktivierung der NK-Zellen

Akute-Phase-Proteine

bei Entzündungen, Infektionen, Tumoren und Gewebeschädigungen in der Leber vermehrt synthetisierte Proteine, z. B.

- C-reaktives Protein (CRP), Serum-Amyloid-A (Bindung an Bakterienmembranen)
- α_1-Antitrypsin (Protease-Inhibitor)
- Gerinnungsfaktoren
- Komplementkomponenten

Spezifische Abwehr I

Antigenpräsentierende Zellen (APC)

Zytotoxische T-Zellen

T-Helferzellen

B-Lymphozyten

Interleukine

Antigen-präsentierende Zellen (APC) Makrophagen, dendritische Zellen (sekundär lymphatische Organe), Langerhans-Zellen (Haut), präsentierende B-Lymphozyten

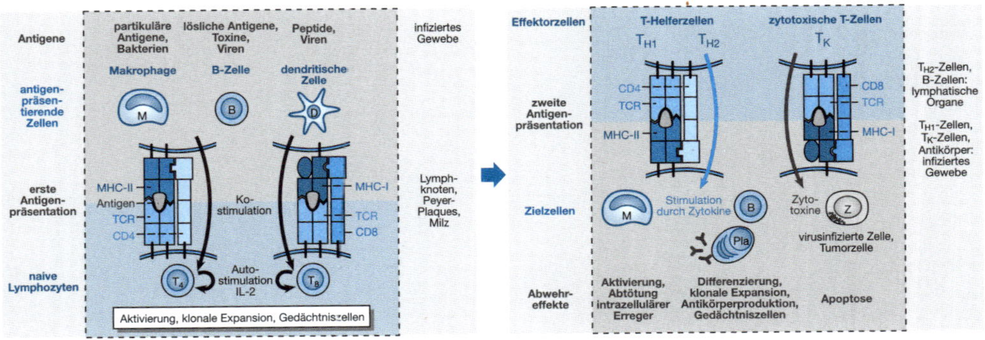

Abb. 2.4: **Steuerung der T-Zell-Aktivität durch Antigenpräsentation [3]**

Spezifische Abwehr II

MHC-Antigene

MHC-Antigene

- MHC-I-Antigene
  - kommen auf allen kernhaltigen Zellen vor
  - Struktur: α-Kette (mit drei Ig-artigen Domänen) und β_2-Mikroglobulin (eindomänig, nicht membranständig)
  - präsentieren endogene Antigene
  - ermöglichen die Interaktion mit T_8-Zellen (CD8)
  - können Transplantatabstoßung auslösen
- MHC-II-Antigene
  - kommen auf Antigen-präsentierenden Zellen vor (Makrophagen, B-Zellen)
  - Struktur: α- und β-Transmembrankette (je zwei Domänen)
  - präsentieren exogene Antigene
  - ermöglichen die Interaktion mit T_4-Zellen (CD4)

2.3 Immunologie

!!!

Immunglobuline

Grundstruktur

Immunglobulinklassen

Grundstruktur

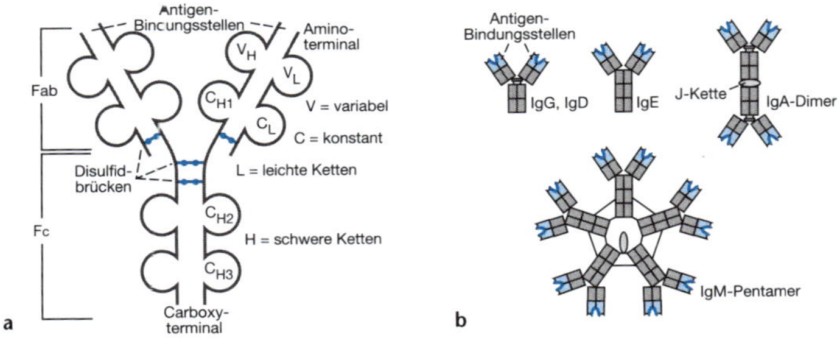

Abb. 2.5: Antikörperaufbau und -klassen [3]

Immunglobulinklassen

Klasse	Struktur	Funktion (Auswahl)	plazentagängig
IgG	Monomer	späte Abwehrphase, Rhesusantikörper	+
IgM	Pentamer	frühe Abwehrphase, AB0-Antikörper	-
IgA	Monomer (Plasma) Dimer (Sekrete)	lokale Abwehr auf Schleimhäuten	-
IgE	Monomer	allergische Reaktionen (Interaktion mit Mastzellen → Ausschüttung von Histamin)	-
IgD	Monomer	Oberflächenrezeptor von B-Lymphozyten	-

2.3 Immunologie

! ! !

Blutgruppensysteme: AB0-System

Blutgruppen

Genotyp der Blutgruppen

Antikörper im Serum

Häufigkeit der Blutgruppen

Blutgruppenbestimmung

AB0-Blutgruppen

Blutgruppe (=Antigene)	Genotyp	Antikörper im Serum	Häufigkeit (% der Bevölkerung)
A	A0 oder AA	Anti-B	45
B	B0 oder BB	Anti-A	10
AB	AB	keine	5
0	00	Anti-A und Anti-B	40

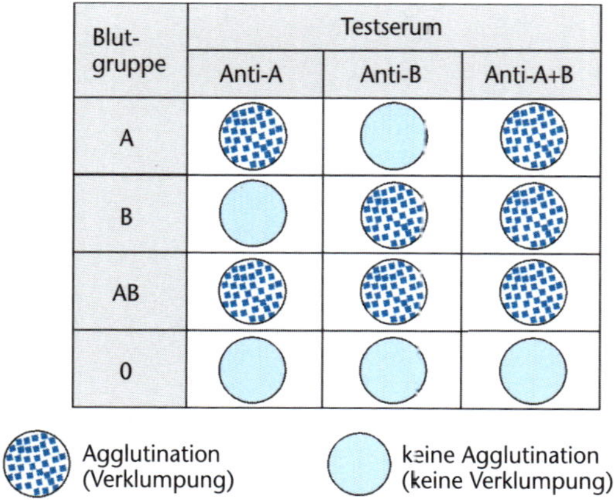

Abb. 2.6: Blutgruppenbestimmung (AB0-System) [1]

2.3 Immunologie

Blutgruppensysteme: Rhesus-System

Antigene

Morbus haemolyticus neonatorum

Antigene

- 5 Antigene der Erythrozytenoberfläche: C, D, E, c, e
- größte antigene Wirksamkeit: D
  - Erythrozyten mit Antigen D = „**Rhesus-positiv (Rh+)**"
  - Erythrozyten ohne Antigen D = „**Rhesus-negativ (Rh-)**"
- Rh+ wird gegenüber Rh- dominant vererbt

Morbus haemolyticus neonatorum

- Trägt eine **Rh-negative Mutter** ein **Rh-positives Kind** aus, kann Rh-positives Blut des Kindes in das der Mutter übertreten und die Produktion von Anti-D-Antikörpern (Typ IgG, plazentagängig!) stimulieren.
- Bei einer folgenden Schwangerschaft können diese Anti-D-Antikörper bei einem Rh-positiven Fetus eine u.U. tödliche hämolytische Anämie auslösen.

2.3 Immunologie

! ! !

Bluttransfusion

Grundsätze

Kreuzprobe (Major-Test, Minor-Test)

Transfusionszwischenfälle

Grundsätze

- Benutzung AB0- und Rhesus-(D-Antigen-)kompatibler Präparate
- u.U. auch Übereinstimmung mit Rhesus-Untergruppen (gebärfähige Frauen, Mehrfachtransfusionen)

Kreuzprobe

- **Major-Test:** Vermischung von Spendererythrozyten mit Empfängerserum (Test auf Antikörper des Empfängers gegen Spendererythrozyten)
- **Minor-Test:** Vermischung von Spenderserum mit Empfängererythrozyten (Test auf Antikörper des Spenders gegen Empfängererythrozyten)

Transfusionszwischenfälle

- Gruppenungleiches Blut führt zu Agglutination und Hämolyse der Erythrozyten.
- mögliche Folgen: Nierenversagen, Kreislaufschock, Tod

3.1 Elektrophysiologie des Herzens

! ! !

Erregungsbildungs- und -leitungssystem

- Sinusknoten
- Atrioventrikularknoten (AV-Knoten)
- Tertiäres Erregungsbildungssystem

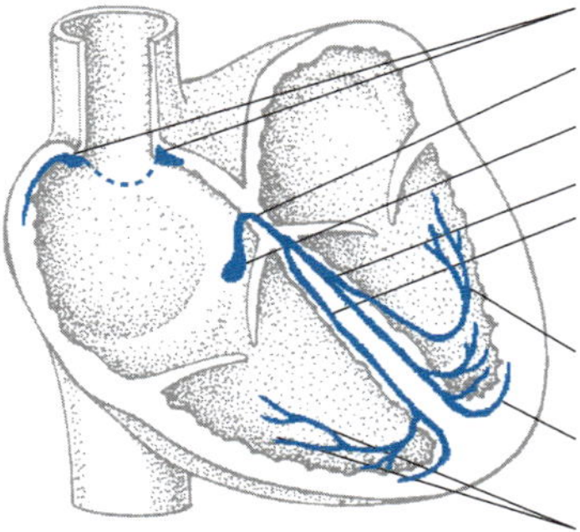

Abb. 3.1: Erregungsbildungs- und -leitungssystem des Herzens [1]

Sinusknoten

- besteht aus spezialisierten Herzmuskelzellen im rechten Vorhof
- physiologischer Schrittmacher des Herzens
- Ruhefrequenz: **60–80 Schläge/min**
- Besonderheit: Die Schrittmacherzellen des Sinusknotens depolarisieren spontan durch einen **langsamen Ca^{2+}-Ionen-Einstrom.**

AV-Knoten

- liegt am Boden des rechten Atriums in Septumnähe
- arbeitet mit einer Frequenz von **40–50 Schlägen/min**
- geringe Leitungsgeschwindigkeit von **0,05 m/s,** dadurch verzögerte Erregungsüberleitung, was unkoordinierten Kammerkontraktionen vorbeugt
- Bei Ausfall des Sinusknotens übernimmt der AV-Knoten als nächste Instanz die Bildung des Erregungsprozesses.

Tertiäres Erregungsbildungssystem

- **His-Bündel** (einzige erregungsleitende Verbindung zwischen Atrium und Ventrikel) und **Purkinje-Fasern** (Endaufzweigung der **Tawara-Schenkel)** sind für den **Kammerersatzrhythmus** verantwortlich.
- Frequenz von **20–30 Schlägen/min**
- Die spontane Depolarisation wird durch einen **Na^{+}-Einstrom** vermittelt.

3.1 Elektrophysiologie des Herzens

! ! !

Aktionspotential der Arbeitsmuskulatur

- Ruhepotential
- Depolarisationsphase
- Phase der frühen Repolarisation
- Plateauphase
- Phase der definitiven Repolarisation

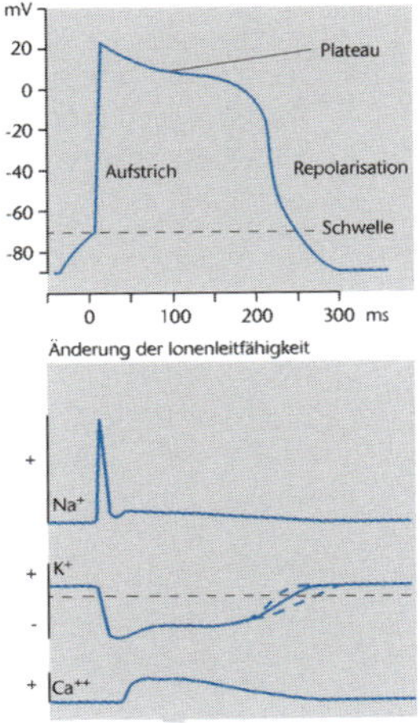

Abb. 3.2: Aktionspotential der Herzmuskelzelle [1]

Ruhepotential	Es kommt durch die **spezifische Permeabilität** der Herzmuskelzellmembran für die verschiedenen Ionen (v.a. Kalium) zustande und liegt wegen des intrazellulären Anionenüberschusses bei **–90 mV.** Zur Aufrechterhaltung des Gradienten ist eine **Na^+-K^+-ATPase** essentiell.
Depolarisationsphase	Dieser rasche **Aufstrich** von 1–2 ms entsteht durch einen **starken Na^+-Einstrom**, der ein positives Spitzenpotential von **+30mV** erzeugt.
Phase der frühen Repolarisation	Durch die kurze Öffnung von Kalium-Kanälen (K_{Ito}) kommt es durch Kalium-Ausstrom zu einer geringen Repolarisation.
Plateauphase	Nach dem initialen schnellen Na^+-Eintritt erzeugt die Öffnung von Ca^{2+}-Kanälen den **langsamen depolarisierenden Ca^{2+}-Einstrom.** Dieser erzeugt zusammen mit der **Abnahme der repolarisierenden K^+-Leitfähigkeit** die positive Plateauphase, ein Charakteristikum der Arbeitsmuskulatur des Herzens.
Phase der definitiven Repolarisation	Nimmt die **Ca^{2+}-Leitfähigkeit** bei gleichzeitigem **Wiederanstieg der K^+-Leitfähigkeit** ab, nähert sich das AP wieder dem negativen Ruhepotential.

☞ Ein vollständiges AP beträgt 200–400 ms. Bei steigender Erregungsfrequenz nimmt die Dauer der einzelnen AP ab, da die Repolarisation früher eintritt und somit die Plateau-Phase verkürzt wird.

3.1 Elektrophysiologie des Herzens

! ! !

Aktionspotentialformen in verschiedenen Herzregionen

Besonderheiten des AP bei Schrittmacherzellen

Absolute Refraktärphase

Relative Refraktärphase

Besonderheiten des Aktionspotentials bei Schrittmacherzellen	**Sinusknoten-Zellen:** keine ausgeprägte Plateauphase, ihre AP-Dauer liegt bei 100–150 ms. Kein stabiles Ruhepotential. Langsame diastolische Vordepolarisation durch unselektive Kationenkanäle (HCN = I_{funny}) bedingt. Der Aufstrich ist träge, da keine selektiven Na^+-Kanäle am AP beteiligt sind. **His-Bündel:** kleine Plateauphase **Purkinje-Fasern:** deutliche Plateauphase, der steile Aufstrich beruht auf dem schnellen Na^+-Einstrom
Absolute Refraktärphase	Eine **vollständige Depolarisation** wirkt einem erneuten Auslösen eines weiteren AP entgegen. Der Herzmuskel ist **vorübergehend nicht erregbar.** Dieser Schutzmechanismus erfolgt durch die Inaktivierung des schnellen Na^+-Kanals, er beugt einer verfrühten Wiedererregung vor ⟹ der Herzmuskel ist also **nicht tetanisierbar.**
Relative Refraktärphase	Im Bereich eines Membranpotentials von **–40mV** ist eine AP-Auslösung bei entsprechend starkem Na^+-Einstrom wieder möglich, allerdings mit flacherer Amplitude und **kürzerer Dauer.**

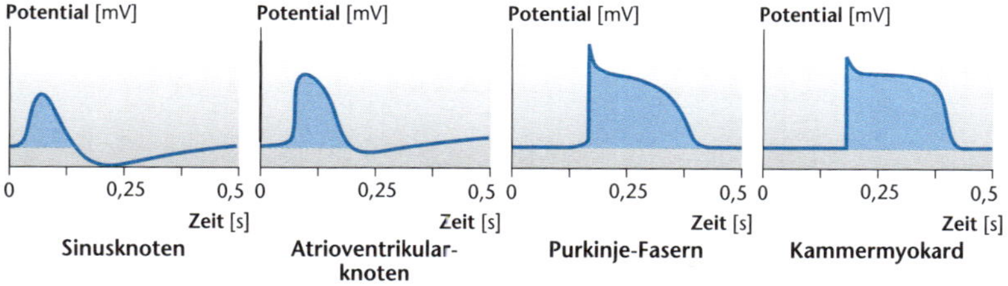

Abb. 3.3: Aktionspotentialformen in verschiedenen Herzregionen [3]

3.1 Elektrophysiologie des Herzens

! ! !

Grundform des Elektrokardiogramms

Definition

EKG-Phasen

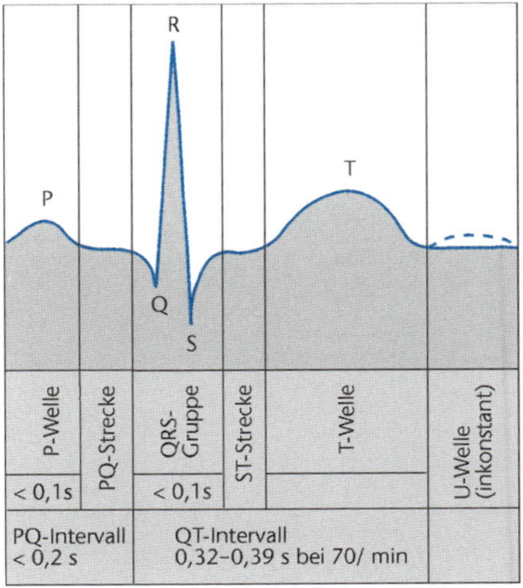

Abb. 3.4: Das physiologische EKG, Ableitung II nach Einthoven [1]

Definition

Das **EKG** ermöglicht die Aufzeichnung von **Potentialdifferenzen** zwischen erregten und nicht erregten Herzmuskelzellen (verhalten sich wie ein elektrischer Dipol, welcher als Vektor darstellbar ist), die von der Körperoberfläche abgeleitet werden. Dabei werden die zahlreichen einzelnen Vektoren während eines Zeitpunktes der Herzaktion zu einem **Integralvektor** addiert. Die einzelnen EKG-Ableitungen (I, II, III, aVF, usw.) stellen damit Teilsummenvektoren dar.

EKG-Phasen

Das RR-Intervall gibt Auskunft über die Herzfrequenz. Bei einer zeitlichen Dauer des RR-Intervalls von 1s entspricht die Herzfrequenz 60s/1s = 60/min.

Struktur	repräsentiert	Dauer
P-Welle	Erregungsausbreitung in den Vorhöfen	0,06–0,11s
QRS-Komplex	Erregungsausbreitung in den Ventrikeln	0,06–0,10s
T-Welle	Erregungsrückbildung in den Ventrikeln	–
U-Welle (inkonstant)	Erregungsrückbildung in den Ventrikeln	–
PQ-Strecke	Vollständige Erregung der Vorhöfe	–
ST-Strecke	Vollständige Erregung der Ventrikel	–
PQ-Intervall	Überleitungszeit zwischen Vorhof und Ventrikel	0,12–0,20s
QT-Intervall	Erregungsbildung und -rückbildung im Ventrikel	0,2–0,5s (frequenzabhängig)

3.1 Elektrophysiologie des Herzens

! ! !

Ableitungsformen des Elektrokardiogramms

Bipolare Extremitätenableitung nach Einthoven

Unipolare Extremitätenableitung nach Goldberger

Unipolare Brustwandableitung nach Wilson

Bipolare Ableitung nach Nehb

Einthoven (bipolar)

3 Ableitungen in der **Frontalebene:**

- Ableitung **I** zwischen **linkem und rechtem Arm** und Ableitung **II** zwischen **rechtem Arm und linkem Fuß** repräsentieren die **Vorderwand** des linken Ventrikels.
- Ableitung **III** zwischen **linkem Arm und linkem Bein** repräsentiert die **Hinterwand** des linken Ventrikels.

Goldberger (unipolar)

In der elektrischen **Frontalebene** werden zwei Extremitäten zur **indifferenten Nullelektrode** verschaltet, eine **differente Elektrode** wird an der dritten Extremität angebracht.

- Der rechte Arm erhält dabei die Ableitung **aVR**, der linke Arm **aVL** und der linke Fuß **aVF.**
- Erfasst wird nur die **Vorderwand** des linken Ventrikels.

Wilson (unipolar)

Die drei Extremitäten werden in der **Horizontalebene** zur **Sammelelektrode** verschaltet.

- Die Brustwandableitungen **V_1–V_4** repräsentieren die **Vorderwand** des linken Ventrikels,
- **V_5–V_6** die **Seitenwand,**
- **V_7–V_9** die **Hinterwand.**

Nehb (bipolar)

- Elektroden **A** und **I:** in Höhe des Sternalansatzes der 2. Rippe rechts, registrieren **Vorderwandpotentiale**
- Elektrode **D:** dorsal, erfasst Impulse aus der **Herzhinterwand**

3.1 Elektrophysiologie des Herzens

!!!

Lagetypen des Herzens

Bestimmung des Lagetyps

Pathologische Veränderungen des Lagetyps

Bestimmung des Lagetyps

(1) Die R-Zacken von zwei Ableitungen reichen zur Konstruktion des Integralvektors aus.
(2) Die Richtung des Integralvektors gibt die elektrische Herzachse und damit den Lagetyp an.
(3) Die so bestimmte elektrische Herzachse stimmt meist mit der anatomischen Herzachse überein.

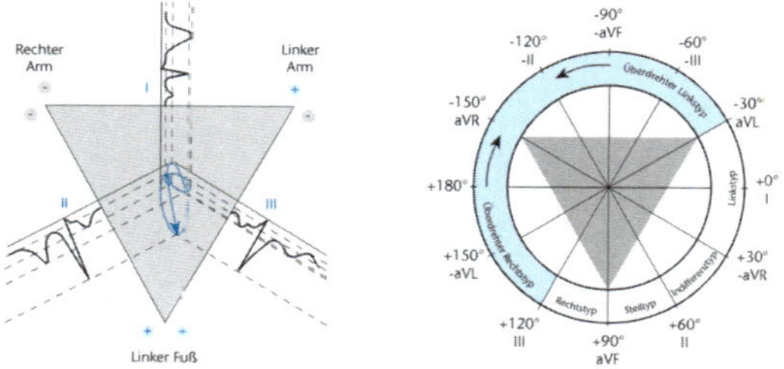

Abb. 3.5: Einthoven-Dreieck und Cabrera-Kreis [1]

Pathologische Veränderungen des Lagetyps

- **Rechtsverschiebung** des Lagetyps: Ausdruck einer vermehrten Rechtsherzbelastung aufgrund einer Erhöhung des Widerstandes im Lungenkreislauf (z. B. bei Lungenembolie, chronischen Lungenerkrankungen)
- **Linksverschiebung** des Lagetyps: Ausdruck einer vermehrten Linksherzbelastung (z. B. infolge einer Stenose der Aortenklappe)

☞ **Inspiration:** Herzachse steiler, Herzfrequenz ↑ . **Exspiration:** Herzachse flacher, HF ↓ .

3.1 Elektrophysiologie des Herzens

!!!

Pathophysiologie

ST-Hebung

ST-Senkung

Extrasystolen

Vorhofflattern und Vorhofflimmern

Kammerflattern und Kammerflimmern

AV-Block

ST-Hebung
ST-Senkung

- **Hebung der ST-Strecke:** z. B. Myokardinfarkt, Außenschichtschaden
- **ST-Senkung:** z. B. Innenschichtschaden mit Angina pectoris-Symptomen

Extrasystolen

Ursprung ist ein **ektopes** Erregungsbildungszentrum (angeboren oder erworben).

- **Supraventrikuläre Extrasystolen:** entspringen oberhalb der His-Bündel-Bifurkation, QRS-Komplex nahezu normal konfiguriert
- **Ventrikuläre Extrasystolen:** charakterisiert durch verbreiterten QRS-Komplex, kompensatorische Pausen und das Fehlen der P-Welle

Vorhofflattern und Vorhofflimmern

Herzrhythmusstörungen mit einer Frequenz von 220–350 Schlägen/min (Flattern) bis zu deutlich über 250 Schlägen/min (Flimmern), erzeugt durch hohe Erregungswellen der Vorhöfe

Kammerflattern und Kammerflimmern

Aktionen des **Ventrikelmyokards** mit Frequenzen von 180–250 Schlägen/min (Flattern) bis um die 400 Schläge/min (Flimmern). Akut **lebensgefährlich,** Pumpfunktion schwerst beeinträchtigt.

AV-Block

Erregungsüberleitung zwischen Vorhöfen und Kammern: verlangsamt **(AV-Block I),** beeinträchtigt **(AV-Block II** ⟹ nicht mehr jede Vorhoferregung wird übergeleitet) oder blockiert **(AV-Block III** ⟹ ventrikulärer Eigenrhythmus)

3.2 Mechanik des Herzens

!!!

Phasen der Herzaktion

Systole

Diastole

Systole Maß für die Auswurfleistung des Herzens

(1) **Anspannungsphase:** Die Kammermuskulatur beginnt mit der **systolischen Kontraktion.** Da alle Klappen geschlossenen sind, kommt es zum **isovolumetrischen** Druckanstieg.

(2) **Austreibungsphase:** Sobald der intraventrikuläre Druck den Aortendruck übersteigt, öffnen sich die Taschenklappen. Mit der Systole werden ca. **70 ml Schlagvolumen** ausgeworfen, ca. **60 ml** verbleiben als **Restvolumen** im Ventrikel.

Diastole Maß für den peripheren Widerstand

(3) **Entspannungsphase:** Die Taschenklappen schließen sich **diastolisch**. Der Druck im Ventrikel beginnt abzufallen.

(4) **Füllungsphase:** Durch den **Druckabfall** im Ventrikel öffnen sich die Atrioventrikularklappen. Der **Druckunterschied** und eine zusätzliche diastolische Vorhofkontraktion bewirken das Einströmen des Blutes von den Vorhöfen in die Kammern ⟹ Beginn eines neuen Herzzyklus.

☞ Hauptantrieb für die Vorhoffüllung: Verlagerung der Ventilebene **(Ventilebenenmechanismus)** Richtung Herzspitze (apikal)

3.2 Mechanik des Herzens

! ! !

Druck-Volumen-Diagramm und Phasen der Herztätigkeit

Druck-Volumen-Diagramm

Zeitliche Korrelation wichtiger Parameter der Herztätigkeit

Herztöne

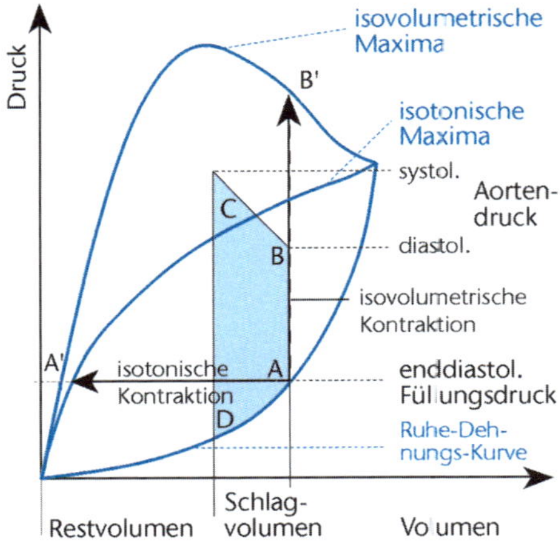

Abb. 3.6: **Druck-Volumen-Diagramm [1]**

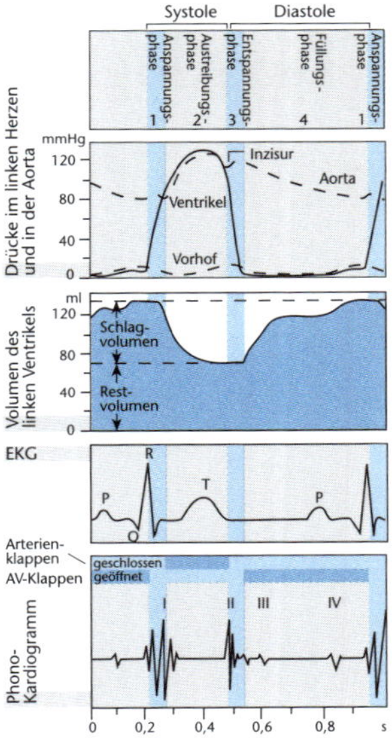

Abb. 3.7: Zeitliche Korrelation wichtiger Parameter der Herztätigkeit [1]

Frank-Inzisur: durch den Schluss der Aortenklappe mit anschließendem Druckabfall erzeugt

1. Herzton: isovolumetrische Anspannungsphase

2. Herzton: Schluss der Taschenklappen

☞ **3. Herzton**, erzeugt durch den frühdiastolischen Bluteinstrom in der Füllungsphase, nur bei Kindern und Jugendlichen physiologisch, sowie **4. Herzton** bei Ventrikel-Compliance ↓, pathologisch.

3.2 Mechanik des Herzens

! ! !

Herzdynamik

Schlagvolumen

Herzzeitvolumen

Herzfrequenz

Schlagvolumen Menge des ausgeworfenen Blutes in jeder Systole, in Ruhe ungefähr 70 ml. **Restvolumen** von ca. 60 ml verbleibt im Ventrikel.

Herzzeitvolumen vom Herzen gefördertes Blutvolumen pro Minute. Bestimmungsmöglichkeit: die auf dem Fick'schen Prinzip basierende Indikatorverdünnungsmethode. Herzzeitvolumen in Ruhe: 4–6 l Blut/min.
Herzzeitvolumen = Schlagvolumen × Herzfrequenz

Herzfrequenz **Anzahl der Schläge** des Herzens pro Minute, stark abhängig von physischen und psychischen Einflüssen, von der körperlichen Grundverfassung und zahlreichen weiteren Faktoren.
Maximal erreichbare Herzfrequenz = 220 – Lebensalter
Ruheherzfrequenz: 60–80 Schläge/min, bei trainierten Personen in der Regel erniedrigt (physiologische Bradykardie).

3.2 Mechanik des Herzens

! ! !

Frank-Starling-Mechanismus I

Definition

Preload

Afterload

Kompensation einer erhöhten Volumenbelastung

Kompensation einer erhöhten Druckbelastung

Definition

Der Frank-Starling-Mechanismus erlaubt es dem Herzen, bei Änderungen des **Preloads** oder **Afterloads** durch Regulation des **Schlagvolumens** zu reagieren. So ist eine präzise **Abstimmung** der Schlagvolumina zwischen den beiden Ventrikeln gewährleistet.

Preload

Volumenbelastung im Ventrikel **vor** Auswurf des Blutes, messbar als **enddiastolischer Füllungsdruck im Ventrikel.** Venöser Rückstrom ↑ ⇒ Preload ↑ (Punkt A im Druck-Volumen-Diagramm, ↗ Karte 41)

Afterload

Maximale endsystolische Wandspannung des Ventrikels, abhängig vom Auswurfwiderstand (**enddiastolischer Druck in der Aorta**), gegen den der Ventrikel arbeiten muss. Der Afterload repräsentiert den systolischen Blutdruck. (Punkt B im Druck-Volumen-Diagramm, ↗ Karte 41)

Kompensation einer erhöhten Volumenbelastung

erhöhte enddiastolische Füllung (Preload ↑) ⇒ Schlagvolumen gesteigert

Kompensation einer erhöhten Druckbelastung

erhöhter Afterload ⇒ vermindert zunächst Schlagvolumen ⇒ vergrößertes Restvolumen im linken Ventrikel ⇒ erhöhtes enddiastolisches Füllungsvolumen ⇒ wird mit einem erhöhten Schlagvolumen kompensiert

3.2 Mechanik des Herzens

!!!

Frank-Starling-Mechanismus II

Teilmechanismen

Teilmechanismen Enddiastolisches Füllungsvolumen erhöht sich aufgrund einer Steigerung des Preload bzw. Afterload ⟹ vermehrte Dehnung der Ventrikelmuskulatur ⟹ erhöhte Kontraktionskraft durch:

- Ca^{2+}-Empfindlichkeit ↑
- Ca^{2+}-Freisetzung aus dem sarkoplasmatischen Retikulum ↑
- Vordehnung der Fasern kann eine günstigere Überlappung der Myofibrillen ermöglichen (↗ Karte 177)

3.2 Mechanik des Herzens

! ! !

Herzarbeit

Druck-Volumen-Arbeit

Beschleunigungsarbeit

Druck-Volumen-Arbeit

Arbeit ($W_{D\text{-}V}$), die aufgewandt werden muss, um einen ausreichenden **Druck (P)** zu erzeugen und so das **Blutvolumen (V)** gegen einen Strömungswiderstand zu pumpen. Sie beträgt beim jungen Menschen im Ruhezustand ca. **99 %** der Gesamtherzarbeit.

$$W_{D\text{-}V} = P \times V$$

Beschleunigungsarbeit

Arbeit (W_B), die aufgewandt werden muss, um die **Blutmasse (m)** gegen seine eigene Trägheit auf eine gewisse **Geschwindigkeit (v)** zu **beschleunigen.** Sie beträgt beim jungen Menschen im Ruhezustand ca. **1 %** der Gesamtherzarbeit.

$$W_B = m / 2 \times v^2$$

Im Alter kann der Anteil der Beschleunigungsarbeit an der gesamten Herzarbeit erheblich zunehmen.

☞ Der rechte Ventrikel als Pumpe des **Lungenkreislaufes** muss auf Grund der geringeren Druckverhältnisse lediglich 15 % der Herzarbeit des linken Ventrikels aufbringen, der den **Körperkreislauf** zu versorgen hat.

3.3 Versorgung des Herzens

Versorgung des Herzens

Koronararterien

Koronardurchblutung

Herzstoffwechsel

Koronararterien

- entspringen oberhalb der Aortenklappe
- dienen der **O_2-Eigenversorgung** des Herzens
- **rechte Koronarie** versorgt meist den rechten Ventrikel, den rechten Vorhof sowie Sinusknoten und AV-Knoten
- **linke Koronarie** versorgt meist das **Septum**, den **linken Vorhof** sowie **Vorderwand und Hinterwand des linken Ventrikels** (ausgeglichener Versorgungstyp, bei ca. 55 % der Menschen)

Koronar-durchblutung

- beträgt ca. **5 % des Herzminutenvolumens**
- unterliegt starken phasischen Schwankungen, da aufgrund der **systolischen Kompression** des Myokards nur die **Diastole** einen ausreichenden Blutfluss erlaubt
- mittlerer Koronarfluss: 70–80 ml/min pro 100 g Gewebe, eine bis zu fünffache Erhöhung über die **Koronarreserve** ist möglich
- **arteriovenöse Sauerstoffdifferenz** in Ruhe: 140 ml O_2/l Blut

Herzstoffwechsel

- ATP-Gewinnung im Myokard hauptsächlich durch **oxidative Phosphorylierung**
- Dabei werden freie Fettsäuren (50–60 %), Glucose (30 %) und Lactat (20 %) verstoffwechselt.
- In Ruhe benötigt das Herz **10 %** des Gesamtsauerstoffangebotes des Körpers.

3.4. Steuerung der Herztätigkeit

Vegetatives Nervensystem

- Sympathikus
- Parasympathikus

Einfluss des vegetativen (autonomen) Nervensystems auf die Herztätigkeit

	Chronotropie	Dromotropie	Inotropie	Transmitter
Sympathikus	Steigerung der Herzfrequenz **(positiv chronotrop)**	Schnellere atrio-ventrikuläre Überleitung **(positiv dromotrop)**	Steigerung der Kontraktilität **(positiv inotrop)**	**Noradrenalin**
Parasympathikus	Reduzierung der Herzfrequenz **(negativ chronotrop)**	Überleitungsgeschwindigkeit vermindert **(negativ dromotrop)**	Durch geringe **Innervation** der Ventrikel keine nennenswerte Wirkung	**Acetylcholin**

☞ In Ruhe steht das Herz unter dem hemmenden Einfluss des Vagus **(Vagotonus)**.

3.4 Steuerung der Herztätigkeit

Kardiale Reflexe

Vorhofdehnungsreflex

Gauer-Henry-Reflex

Bezold-Jarisch-Reflex

Vorhofdehnungsreflex
Eine **vermehrte** Dehnung der Vorhöfe führt zur **Sympathikushemmung** und **Parasympathikusaktivierung** sowie zur Freisetzung des atrialen natriuretischen Peptides **(ANP, auch Atriopeptin)** $\Longrightarrow$ gesteigerte Wasser- und NaCl-Ausscheidung.

Gauer-Henry-Reflex
Eine über **B-Rezeptoren** registrierte **verringerte** Dehnung der Vorhöfe bewirkt eine gesteigerte Wasserrückresorption über **Adiuretin** (ADH).

Bezold-Jarisch-Reflex
Als Folge einer ischämischen Reaktion (Mangeldurchblutung) kann es zu einer durch **Chemorezeptoren** vermittelten **Bradykardie, Vasodilatation** und **Blutdrucksenkung** kommen.

4.1 Allgemeine Grundlagen

Funktionelle Gliederung

Aufgaben

Hochdrucksystem

Niederdrucksystem

Mikrozirkulation

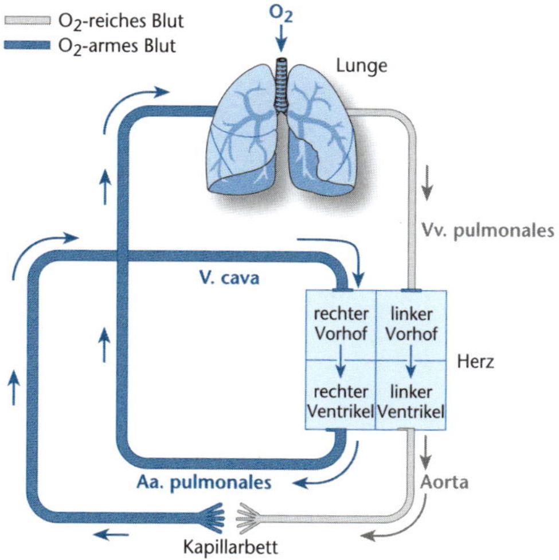

Abb. 4.1: Körper- und Lungenkreislauf [6]

1/15

Aufgaben

Das Gefäßsystem ermöglicht über das Blut den **Transport** von O_2 und CO_2, von Nährstoffen, Wasser, Metaboliten, Elektrolyten und Hormonen, ferner die **Regulation** des Säure- und Basenhaushaltes und der Wärmezufuhr und -ableitung. Auch die Komponenten des **Immunsystems** erreichen über den Blutkreislauf ihren Einsatzort.

Hochdrucksystem

linker Ventrikel (während der Systole), große Arterien, kleine Arterien und Arteriolen (erzeugen als **Widerstandsgefäße 50 %** des gesamten Strömungswiderstandes); Drücke im Bereich von 100 mmHg.

Niederdrucksystem

Venen, Lungenkreislauf, Vorhöfe, rechter Ventrikel und linker Ventrikel (während der Diastole); Drücke im Bereich von 5–25 mmHg.

Mikrozirkulation

Stoffaustausch zwischen Blut und Interstitium im Bereich der Arteriolen, Kapillaren, kleinen Venolen und Lymphgefäße mittels Diffusion und Filtration. Über den **Fåhraeus-Lindqvist-Effekt** nimmt die Blutviskosität um ca. 50 % ab. Dieser Effekt tritt vor allem in engen Gefäßlumina (Durchmesser 6–8 µm) auf. Das Aneinanderlagern der Erythrozyten sowie ihre Umhüllung durch einen Plasmamantel reduziert die interne Reibung, dadurch sinkt die Viskosität.

4.1 Allgemeine Grundlagen

!!

Charakteristika der Abschnitte im Gefäßsystem

Verteilung des Blutvolumens

Querschnitt

Oberfläche

Fließgeschwindigkeit

Verteilung des Blutvolumens

Die hochelastischen Venen **(Kapazitätsgefäße)** können große Blutvolumina aufnehmen, speichern und bei Bedarf wieder abgeben (Sofortdepot). Sie enthalten **85 %** des Blutvolumens, das Hochdrucksystem lediglich **15 %.**

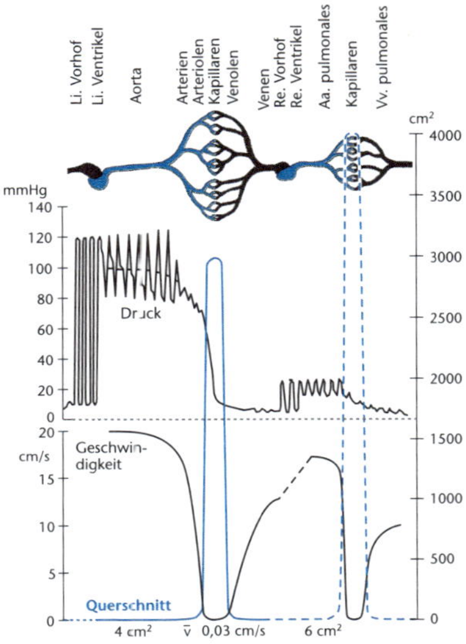

Abb. 4.2: Charakteristika der Abschnitte im Gefäßsystem [1]

4.1 Allgemeine Grundlagen

Physikalische Grundlagen

- Stromstärke
- Kirchhoff-Gesetze
- Hagen-Poiseuille-Gesetz
- Reynold-Zahl
- Laplace-Gesetz
- Compliance

Stromstärke	$\dot{V} = \Delta P / R$
Kirchhoff-Gesetze	**Gesamtwiderstand** = $R_1 + R_2 + R_3 + \ldots \Longrightarrow$ 1. Kirchhoff-Gesetz, bei in Serie geschalteten Gefäßen **Gesamtleitfähigkeit** = $L_1 + L_2 + L_3 + \ldots \Longrightarrow$ 2. Kirchhoff-Gesetz, bei parallel-geschalteten Gefäßen
Hagen-Poiseuille-Gesetz	**Stromstärke** ($\dot{V}$) = $\Delta P \times \pi \times r^4 / 8 \times \eta \times l$ **Gefäßwiderstand** (R) = $8 \times \eta \times l / \pi \times r^4$ ☞ Eine Verringerung des Gefäßradius (z. B. durch Arteriosklerose) führt zu einer Durchblutungsabnahme in der 4. Potenz.
Reynold-Zahl	**Reynold-Zahl** = $r \times v \times p / \eta$ Bei Reynold-Zahlen >200 besteht eine turbulente Strömung.
Laplace-Gesetz	**Wandspannung** (T_h) = $P_t \times r_i / h$ $\Longrightarrow$ Der transmurale Druck ist umso niedriger, je kleiner der Radius (r_i) und je dicker die Gefäßwand (h) ist.
Compliance	Für die Dehnbarkeit eines Gefäßes gilt: $C = \Delta V / \Delta P$

4.2 Hochdrucksystem

Windkesselfunktion

Definition

Funktion

Definition

Durch einen höheren Anteil an **elastischen Fasern** sind herznahe Arterien (Aorta, Aa. pulmonales) in der Lage, das rapide ansteigende systolische Volumen ballonähnlich durch passive Wanddehnung vermehrt aufzunehmen (Umwandlung von kinetischer Energie in potentielle Energie), zu speichern und in der Diastole wieder in die Blutbahn abzugeben.

Funktion

Dämpfung der physiologischen Volumen- und Druckschwankungen, **kontinuierlicher Blutstrom** in die Peripherie, weniger Beschleunigungsarbeit der trägen Blutmasse.

4.2 Hochdrucksystem

Arterieller Puls

Strompuls

Druckpuls

Pulswellengeschwindigkeit

Strompuls

Maß für den chronologischen Verlauf der Blutströmung. Er nimmt zur Peripherie hin ab **(abnehmende Amplitude).**

Druckpuls

Maß für die rhythmischen Veränderungen des Blutdrucks. Der Druckpuls ist die Druckwelle, die sich vom Herzen ausgehend über die Gefäßwand zur Peripherie hin ausbreitet. Er nimmt zur Peripherie hin zu **(zunehmende Amplitude).** Infolge von Reflexions- und Überlagerungsphänomenen kann es zu einer **dikroten Welle** kommen.

Pulswellengeschwindigkeit

Maß für die **Ausbreitungsgeschwindigkeit** des Druckpulses:
↑ bei starren Gefäßwänden, kleinen Gefäßradien, Hypertonie, Alter, Arteriosklerose

Die Geschwindigkeit der Druckpulswelle ist wesentlich höher als die Strömungsgeschwindigkeit des Blutes.

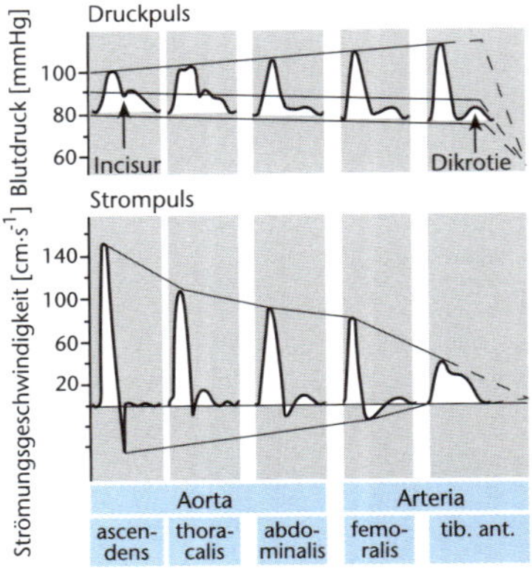

Abb. 4.3: Druck- und Strompulse im arteriellen System [1]

4.2 Hochdrucksystem

Blutdruckmessung

Direkte Methode

Indirekte Methode

Direkte Methode

Präzise Überwachung über eine intraarteriell eingebrachte Kanüle, die mit einem Messgerät verbunden wird. Dieses **invasive Verfahren** wird vor allem in der Intensivmedizin angewendet.

Indirekte Methode (nach Riva-Rocci)

Eine Manschette wird in Herzhöhe an der A. brachialis oder der A. femoralis angebracht und **über** den systolischen Druck aufgepumpt. Der Manschettendruck wird langsam wieder reduziert, dabei hört man mittels Stethoskop in der Ellenbeuge zunächst nichts, bei Unterschreiten des **systolischen Wertes** die sog. **Korotkov-Geräusche.** Bei weiterem Druckabfall unter den **diastolischen Wert** verschwinden diese Korotkov-Geräusche wieder bzw. werden leiser.

☞ Der physiologische **Blutdruck (RR)** liegt im Bereich von **120/80,** ist aber von vielerlei Faktoren (v. a. Alter) abhängig.

4.2 Hochdrucksystem

Blutdruckregulation

- Kurzfristige Mechanismen
- Mittelfristige Mechanismen
- Langfristige Mechanismen

Kurzfristige Mechanismen

- **Pressorezeptoren** (Carotissinus): bei erhöhtem RR $\Longrightarrow$ Sympathikushemmung und Parasympathikusaktivierung $\Longrightarrow$ Reduktion von Schlagvolumen, Herzfrequenz und Inotropie $\Longrightarrow$ arterieller RR $\downarrow$
- **Chemorezeptoren** (Glomusorgan): registrieren Schwankungen von pO_2 und pCO_2 sowie der H^+-Konzentration. $pO_2 \downarrow \Longrightarrow$ RR $\uparrow$.

Mittelfristige Mechanismen

- **Stress-Relaxation** der glatten Gefäßmuskulatur: Ausdehnung der Gefäßwände bei erhöhtem Blutdruck.
- **Renin-Angiotensin-System:** Bei Absinken der Nierendurchblutung bewirkt Renin die Freisetzung des vasokonstriktorischen **Angiotensins II,** $\Longrightarrow$ RR $\uparrow$.

Langfristige Mechanismen

- Zunahme des intravasalen Volumens $\Longrightarrow$ **ADH-Ausschüttung** $\downarrow$ und **ANP-Ausschüttung** $\uparrow$ $\Longrightarrow$ renale Flüssigkeitsausscheidung $\uparrow$ $\Longrightarrow$ RR $\downarrow$.
- **Aldosteron** fördert Wasserrückresorption $\Longrightarrow$ intravasale Volumina $\uparrow$ $\Longrightarrow$ RR $\uparrow$.

4.2 Hochdrucksystem

Orthostatische Regulation

Definition

Ablauf

Definition

Unter Orthostase versteht man einen zügigen Übergang vom Liegen zum Stehen. Dieser **Lagewechsel** verursacht eine veränderte Blutvolumenverteilung im Niederdrucksystem, ca. 0,5 Liter Blut **versacken** in den Beinvenen.

Ablauf

a) Induktion
- Abnahme venöser Rückstrom
- Abnahme Blutdruck, Kollapsgefahr (!)
- Abnahme der Aktivität der Barorezeptoren (Carotissinus, Aortenbogen)
- Abnahme der Sympathikus-hemmenden Wirkung

b) Kompensation
- Herzfrequenz ↑ über β_1-Rezeptor
- Herzschlagvolumen ↑ über β_1-Rezeptor
- Totaler peripherer Widerstand ↑ über α_1-Rezeptor

c) Erholung
- Blutdruck ↑
- Frequenznormalisierung

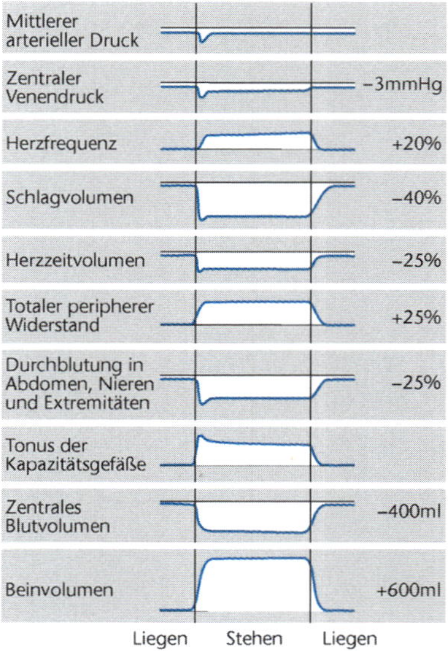

Abb. 4.4: Orthostatische Kreislaufparameter und ihre Veränderungen [1]

4.2 Hochdrucksystem

Pathophysiologie

Hypertonie

Hypotonie

Akuter Blutverlust

Schock

Hypertonie

RR ≥ 140/90 mmHg
Auslöser z. B.: psychische Faktoren, erhöhter Gefäßwiderstand (Arteriosklerose), **renale Hypertonie** als Renin-vermittelte Kompensation einer mangelnden Nierendurchblutung bei Stenose der A. renalis

Hypotonie

RR systol. < 100 mmHg. Häufige Folge: mangelnde Hirndurchblutung ⟹ Bewusstlosigkeit

Akuter Blutverlust

⟹ venöser Rückstrom ↓, **Schlagvolumina** ↓
Kompensationsmechanismen:

- Vasokonstriktion (außer im Bereich von Gehirn und Herz)
- Erhöhung der Herzfrequenz
- Volumenverschiebung vom Interstitium in die Gefäße

Schock

akuter Sauerstoffmangel in lebenswichtigen Organen (Lunge, Niere) durch verminderte Mikrozirkulation. Ursachen: hypovolämisch, kardiogen, septisch, anaphylaktisch und neurogen
Schockindex = Puls/RR systol (Index > 1 = Schockgefahr)

4.3 Niederdrucksystem

Venenpuls

Blutdruck im Niederdrucksystem

Venendruckkurve

Blutdruck im Niederdrucksystem

- 15–20 mmHg hinter den Kapillargefäßen
- 12–15 mmHg in den kleinen, 5–6 mmHg in den großen Venen
- 2–4 mmHg im rechten Vorhof: **zentraler Venendruck (ZVD)**

Venendruckkurve

(1) **a-Welle:** Vorhofkontraktion
(2) **c-Welle:** Anspannungsphase des Ventrikels
(3) **x-Welle:** Austreibungsphase des Ventrikels
(4) **v-Welle:** Entspannungsphase des Ventrikels
(5) **y-Welle:** Füllung des rechten Ventrikels

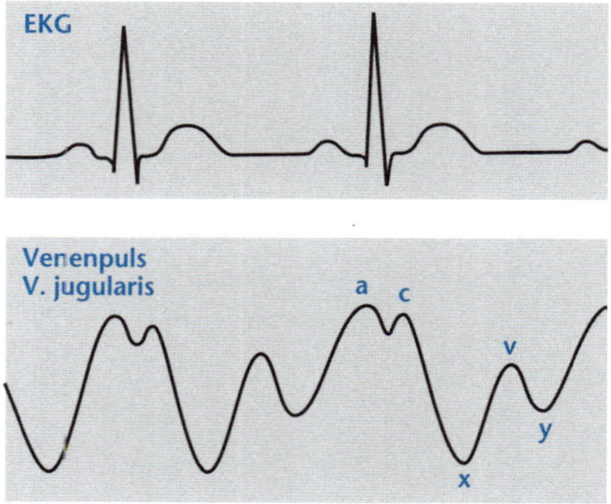

Abb. 4.5: Venendrücke während der Herzaktion [1]

4.3 Niederdrucksystem

!

Pathophysiologie

Venenklappeninsuffizienz

Varizenbildung

Venenklappeninsuffizienz Durch Schädigung oder Überlastung des Klappensystems (z. B. bei ausgeprägten Beinvenenthrombosen) wird der **venöse Rückstrom** zum rechten Herzen **eingeschränkt.** Die Bildung von Krampfadern wird begünstigt.

Varizenbildung Der **Rückstau** von venösem Blut in die oberflächlichen Beinvenen verursacht sog. variköse Aufweitungen **(Krampfadern).**

4.4 Organdurchblutung

Durchblutungsregulation

- Myogene Autoregulation
- Metabolische Steuerung
- Vegetatives Nervensystem
- Humorale Kontrolle
- Stickstoffmonoxid
- Kapillarisierung

Myogene Autoregulation
Begrenzung des Volumendurchflusses durch pressoreflektorische **Vasokonstriktion** ⇒ Schutz vor extremer Hypertonie und extremen Flussraten

Metabolische Steuerung
pO_2 ↓, pCO_2 ↑, Adenosin- und H^+-Konzentrationen ↑ ⇒ **Vasodilatation** ⇒ Durchblutungssteigerung

Vegetatives Nervensystem
- **Sympathikus:** adrenerge, **vasokonstriktorische** Fasern
- **Parasympathikus:** cholinerge, **vasodilatatorische** Fasern

Humorale Kontrolle
- Katecholamine wirken über α-Rezeptoren **vasokonstriktorisch,** über β-Rezeptoren **vasodilatatorisch.**
- Kinine und Prostaglandine (PGI_2) sind potente **Vasodilatatoren.**

Stickstoffmonoxid (NO)
Freisetzung von kurzlebigem NO (= **EDRF,** endothelial derived relaxing factor) ⇒ **Vasodilatation**

Kapillarisierung
Bildung von neuen Gefäßen **(Angiogenese)** und von Umgehungskreisläufen bei langfristiger O_2-Minderversorgung

4.4 Organdurchblutung

Durchblutungsmessung

Venenverschlussplethysmographie

Doppler-Sonographie

Venenverschluss-plethysmographie

- Prinzip: Aufzeichnung der **Volumenzunahme** in einer Extremität, aus welcher durch eine Kompressionsmanschette kein venöser Blutrückstrom mehr erfolgen kann. Die Volumenzunahme entspricht dem arteriellen Zustrom.
- Anwendung: Diagnostik von Durchblutungsstörungen
- Die nach Beendigung der Kompression einsetzende **reaktive Hyperämie** wird hauptsächlich von **metabolischen** Faktoren ausgelöst.

Doppler-Sonographie

- Prinzip: Erythrozyten reflektieren Schallwellen mit unterschiedlicher Frequenz, abhängig von ihrer Flussgeschwindigkeit (Doppler-Verschiebung)
- Anwendung: ultraschalldiagnostisches Verfahren zur Messung der Blutflussgeschwindigkeit

4.4 Organdurchblutung

Spezifische Organdurchblutung

Anteil der Organe am Herzzeitvolumen

Lunge

Gehirn

Haut

Skelettmuskel

Leber

Niere

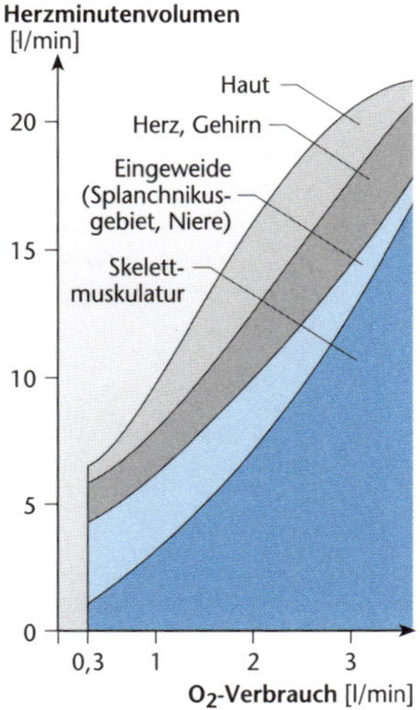

Abb. 4.6: Verteilung der Herzzeitvolumina [3]

Lunge
- RR im Bereich von 20/8 mmHg (syst./diast.)
- ca. **9%** des HZV (450 ml)
- Vasokonstriktion bei lokalem Abfall (!) der O_2-Konzentration ⟹ **Euler-Liljestrand-Mechanismus** (hypoxische Vasokonstriktion)

Gehirn
- ca. **15%** des HZV (750 ml)
- unabhängig von körperlicher Arbeit

Haut
- Blutdepot (1500 ml)
- Die Änderung der Hautdurchblutung durch **Vasokonstriktion und Vasodilatation** ist essentiell für die Thermoregulation.

Skelettmuskel
- ca. **20%** des HZV (1000 ml) in Ruhe, 20 l bei harter physischer Arbeit

Leber
- **25%** des HZV (1400 ml)
- physische Belastung: Durchblutung ↓ zugunsten der Skelettmuskulatur

Niere
- renaler Blutfluss **(RBF):** ca. **20%** des HZV (1200 ml), 92% davon im Nierencortex
- **Bayliss-Effekt** zur Autoregulation (Nierenblutdruck ↑ ⟹ Vasokonstriktion des Vas afferens; Nierenblutdruck ↓ ⟹ Vasodilatation des Vas efferens)

4.5 Fetaler Kreislauf

Der Kreislauf des Ungeborenen

- Plazentakreislauf
- Fetales Hämoglobin
- Ductus venosus
- Ductus arteriosus
- Foramen ovale
- Kreislaufumstellung während der Geburt

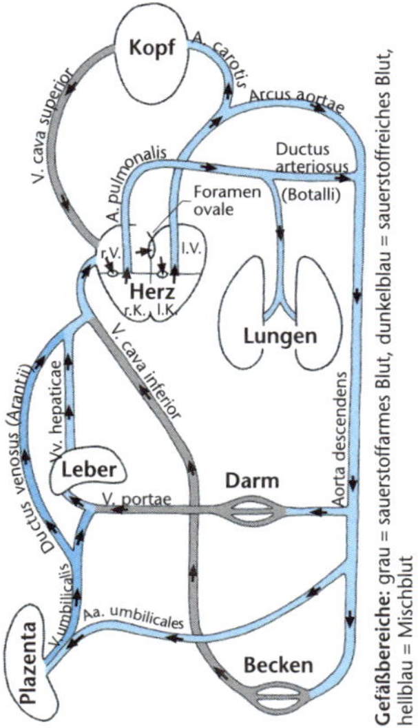

Abb. 4.7: Der fetale Kreislauf [4]

Plazentakreislauf	Über die **Umbilikalvene** erhält der Embryo/Fetus Nährstoffe und O_2 aus der Plazenta, über die zwei **Umbilikalarterien** wird fetales CO_2 der Plazenta zugeführt.
Fetales Hämoglobin (HbF)	Durch höhere O_2-Affinität des HbF wird die Sauerstoffaufnahme des Fetus erleichtert.
Ductus venosus (Arantii)	Umgehungsweg des **Leberkreislaufs:** die Umbilikalvene speist das oxygenierte Blut direkt in die V. cava inferior $\Longrightarrow$ Mischblut
Ductus arteriosus (Botalli)	Umgehungsweg des **Lungenkreislaufs:** Blut aus der A. pulmonalis gelangt unter Umgehung der Lunge direkt in die Aorta descendens
Foramen ovale	Umgehungsweg des **Lungenkreislaufs:** Verbindung zwischen rechtem und linkem Vorhof
Kreislaufumstellungen während der Geburt	• Entkopplung von der Plazenta $\Longrightarrow$ Druckerhöhung im linken Herzen $\Longrightarrow$ funktioneller Verschluss des Foramen ovale, Kontraktion des Ductus arteriosus • Entfaltung der Lunge $\Longrightarrow$ pulmonaler Gefäßwiderstand $\downarrow$, Perfusion $\uparrow$

5.1 Grundlagen

Physik und Chemie der Gase

Ideales Gasgesetz

Volumenmessbedingungen

Bestandteile der Luft

Ideales Gasgesetz

$V = n \times R \times T / p$
V = Volumen, n = Mol, R = allgemeine Gaskonstante,
T = Temperatur, p = Druck

Volumenmessbedingungen

- **STPD-Bedingungen** (idealisierte physikalische Versuchsbedingungen): T = 0 °C (273 Kelvin), atmosphärischer Druck = 760 mmHg und Wasserdampfdruck = 0 mmHg
- **BTPS-Bedingungen** (entsprechend der Physiologie des Menschen): T = 37 °C, jeweiliger atmosphärischer Druck P_{atm} und Wasserdampfdruck = 47 mmHg
- **ATPS-Bedingungen** (Verhältnisse im Spirometer): T = 20 °C, jeweiliger atmosphärischer Druck P_{atm} und Wasserdampfdruck = 47 mmHg

Bestandteile der Luft

Stickstoff (N_2) (inkl. Edelgase), 79,1 Vol.-%
Sauerstoff (O_2), 20,9 Vol.-%
Kohlenstoffdioxid (CO_2), 0,03 Vol.-%

5.2 Atemmechanik

Dynamische Atemgrößen

- Atemzugvolumen
- Inspiratorisches Reservevolumen
- Exspiratorisches Reservevolumen
- Vitalkapazität
- Residualvolumen
- Funktionelle Residualkapazität
- Totalkapazität

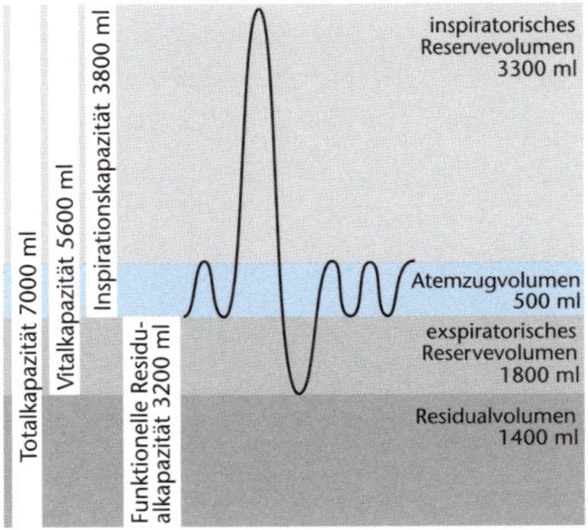

Abb. 5.1: Lungenvolumina eines männlichen Durchschnittsprobanden [1]

Atemzugvolumen (AZV)	Maß für die eingeatmete bzw. ausgeatmete Luftmenge, beträgt in Ruhe ungefähr 0,5 l
Inspiratorisches Reservevolumen (IRV)	kann nach normaler Inspiration **zusätzlich** maximal eingeatmet werden (ca. 3,3 l)
Exspiratorisches Reservevolumen (ERV)	kann nach erfolgter Ausatmung **(Atemruhelage)** bei maximaler Exspiration zusätzlich abgeatmet werden (ca. 1,8 l)
Vitalkapazität (VC)	Maß für die **Compliance** (Dehnungsvermögen) der Lunge: **Atemzugvolumen + inspiratorisches Reservevolumen + exspiratorisches Reservevolumen = Vitalkapazität**
Residualvolumen (RV)	**nicht abzuatmendes Restvolumen,** das nach maximaler Exspiration in der Lunge verbleibt (ca. 1,4 l); kann durch die **Helium-Einwaschmethode** quantifiziert werden
Funktionelle Residualkapazität (FRC)	verbleibt nach normaler Ausatmung als **Puffer** in der Lunge (ca. 3,2 l), entspricht exspiratorischem Reservevolumen + Residualvolumen
Totalkapazität (TC)	Residualvolumen + Vitalkapazität = totale Lungenkapazität (ca. 7,0 l)

5.2 Atemmechanik

Spirometrie

Spirometer

Helium-Einwaschmethode

Pneumotachygraphie

Tiffeneau-Test

Spirometer

- dient der Bestimmung der verschiedenen Atmungsparameter
- gasdichter Raum, mit dem der Proband verbunden ist
- Im **Spirogramm** werden die jeweiligen Lungenvolumina (außer dem Residualvolumen) im Zeitverlauf und in Abhängigkeit von der Atmungsdynamik aufgezeichnet.

Helium-Einwaschmethode

- gängige Methode zur Bestimmung des **Residualvolumens**
- Helium kann nicht diffundieren ⟹ das Edelgas wird also nach erfolgter Exspiration ausschließlich mit dem verbliebenen Lungengas (funktionelle Residualkapazität) vermischt, wodurch sich das Residualvolumen berechnen lässt.

Pneumotachygraphie

- Bestimmung der Atemstromstärke am Mund im offenen System
- Das Atemvolumen berechnet sich dann aus dem zeitlichen Integral.

Tiffenau-Test

- Zur Diagnose von Atemwegserkrankungen misst man spirometrisch das Volumen, das ein Proband bei **forcierter Exspiration in einer Sekunde (FEV_1)** maximal abatmen kann.

Beim Gesunden sollten mindestens 80 % der Vitalkapazität erreicht werden können.

5.2 Atemmechanik

Druckverhältnisse

Intrapulmonaler Druck

Intrapleuraler Druck

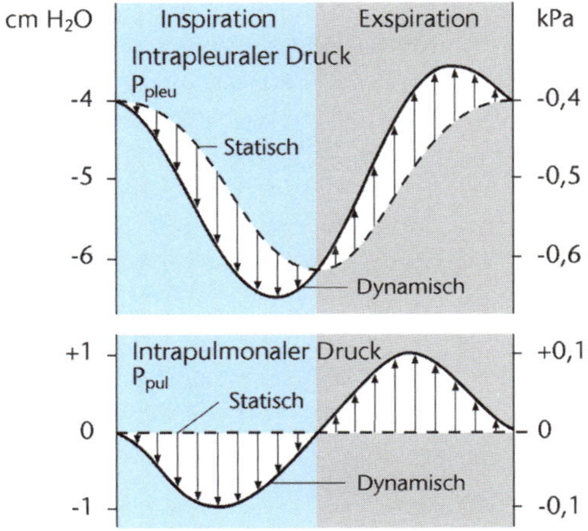

Abb. 5.2: Intrapulmonaler und intrapleuraler Druck bei statischen und dynamischen Bedingungen [1]

Intrapulmonaler Druck

- Differenz aus Alveolardruck und äußerem Atmosphärendruck
- zu Beginn der Inspiration: wegen der physiologischen Atemwegswiderstände im **negativen** Bereich (– 1 cm H_2O)
- bei der Exspiration: positive Werte (+1 cm H_2O)
- in Atemruhelage: intrapulmonaler Druck 0 cm H_2O $\Longrightarrow$ **Gleichgewicht** zwischen alveolärem und atmosphärischem Druck

Intrapleuraler Druck

- vor Beginn der Inspiration: negativer Druck (– 4 cm H_2O) im Pleuraspalt aufgrund der natürlichen **Retraktilität** der Lunge
- bis zum Ende der Inspiration: Druck im Pleuraspalt sinkt weiter (– 6,5 cm H_2O), da die Retraktilität bei vermehrter Dehnung steigt
- Der negative inspiratorische intrapulmonale Druck lässt den intrapleuralen Druck weiter abfallen.
- bei der Exspiration: Druck im Pleuraspalt erhöht sich wieder, bleibt aber im negativen Bereich

5.2 Atemmechanik

Dynamik der Lunge

Alveoläre Oberflächenspannung

Surfactant

Atemmuskulatur

Resistance

Alveoläre Oberflächenspannung

Die **Gesamtcompliance** (Volumendehnbarkeit) setzt sich aus der anatomischen Beschaffenheit des Lungengewebes (Kollagen, elastische Fasern etc.), hauptsächlich aber aus der **retraktilen Tendenz** der Lunge zusammen, für welche die **alveoläre Oberflächenspannung** verantwortlich ist.

Surfactant

- setzt die alveoläre Oberflächenspannung um den Faktor 10 herab und verhindert das Kollabieren des Lungengewebes
- besteht aus Phospholipiden, Proteinen und Ca^{2+}, wird von Typ-II-Alveolarepithelzellen gebildet
- Surfactant-Mangel (Frühgeborene!) $\Longrightarrow$ schwere Atemstörungen

Atemmuskulatur

- **Diaphragma:** Wirkung fast ausschließlich bei der Inspiration, die Exspiration übernimmt die Verkleinerungstendenz der Lunge
- bei gesteigerter Atmung unterstützen inspiratorisch u. a. die Mm. intercostales externi und sämtliche Rippenheber, exspiratorisch die Bauchmuskulatur und die Mm. intercostales interni $\Longrightarrow$ Hilfsmuskulatur

Resistance (nicht elastische Widerstände)

(1) Strömungswiderstände in den Atemwegen (85 %), v. a. obere Atemwege
(2) Gewebswiderstände, hervorgerufen durch Reibung (15 %)
(3) Trägheitswiderstände (spielen praktisch keine Rolle)

5.2 Atemmechanik

Druck-Volumen-Beziehungen

Druck-Volumen-Diagramm

Atemarbeit

Druck-Volumen-Diagramm

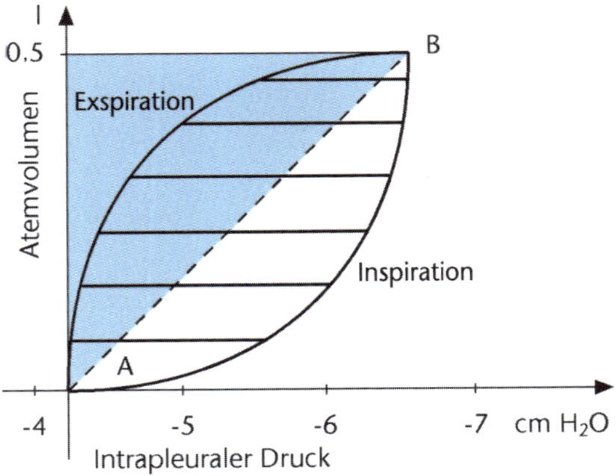

Abb. 5.3: Druck-Volumen-Diagramm bei normaler Ruheatmung [1]

Atemarbeit

- Produkt aus Druck und Volumen
- Die **Resistance** (Atemwegswiderstand) ist bei gesteigerter Atemfrequenz erhöht.
- Erhöhung auch bei Zunahme der Atemtiefe
- Die oberen Atemwege tragen in höherem Maße zum Atemwegswiderstand (und damit zur Atemarbeit) bei als die unteren Atemwege (Bronchioli), da letztere zwar einen geringeren Einzeldurchmesser aufweisen, durch ihre Verzweigung aber einen höheren Gesamtquerschnitt besitzen.

5.2 Atemmechanik

Ventilationsstörungen

Obstruktive Ventilationsstörung

Restriktive Ventilationsstörung

Pathologische Ventilation und ihre Differentialdiagnosen

	Resistance	VC	RV	TC	FEV_1	Atemgrenzwert	Compliance
Obstruktive Ventilationsstörung	↑	unverändert	↑	unverändert	↓	↓	unverändert
Restriktive Ventilationsstörung	unverändert	↓	↓	↓	unverändert	↓	↓

Obstruktive Ventilationsstörung = Atemwegswiderstand erhöht, Tiffeneau-Wert (FEV_1 / VC) < 80 %

Restriktive Ventilationsstörung = Vitalkapazität **und** Totalkapazität erniedrigt

☞ Bei obstruktiven Funktionsstörungen liegt das Grundproblem in einem pathologisch **erhöhten Strömungswiderstand,** der das Ausatmen erschwert (z. B. Asthma bronchiale). Bei restriktiven Funktionsstörungen ist die natürliche Dehnbarkeit **(Compliance)** der Lunge stark vermindert (z. B. bei Lungenödem, Lungentumor etc.).

Atemgrenzwert: maximal erreichbares Atemminutenvolumen (VC × Atemfrequenz) durch willkürliche Hyperventilation (Referenzwertbereich: 100–170 l/min)

5.3 Gasaustausch in der Lunge

Alveoläre Ventilation

Definition

Atemminutenvolumen

Totraumventilation

Alveoläre Partialdrücke

Definition

Die Ventilation **(Belüftung)** dient dem Gasaustausch in den ausreichend vaskularisierten Alveolen. Das Kapillarblut erfährt eine Sauerstoffanreicherung und wird zum Herzen zurückgeführt.

Atemminutenvolumen (AMV)

- AMV = Atemfrequenz × Atemvolumen/min, bedeutendster Indikator der Ventilation
- in Ruhe durchschnittlich 14 Atemzüge/min, bei erhöhten physisch/psychischen Leistungsanforderungen deutlich gesteigert

Totraumventilation

Nicht das gesamte Atemminutenvolumen kann mittels Ventilation umgesetzt werden, da Strukturen wie Pharynx, Trachea, Bronchien, Bronchiolen etc. einen **anatomischen Totraum** (ca. 150 ml) darstellen, der zwar einen Teil des Atemzeitvolumens speichert, aber nicht am Gasaustausch teilnimmt (vermehrte Totraumbelüftung bei flacher Atmung!).

Der physiologische Totraum beinhaltet den anatomischen Totraum und das Volumen der Alveolen, die nicht am Gasaustausch teilnehmen können (mangelnde Durchblutung, schlechte Ventilation etc.).

Physiologisch: Totraumanteil von 30 % des Atemzeitvolumens

Alveoläre Partialdrücke

Sauerstoff-Partialdruck pO_2 = **100 mmHg**

Kohlendioxid-Partialdruck pCO_2 = **40 mmHg**

5.3 Gasaustausch in der Lunge

Diffusion und Perfusion

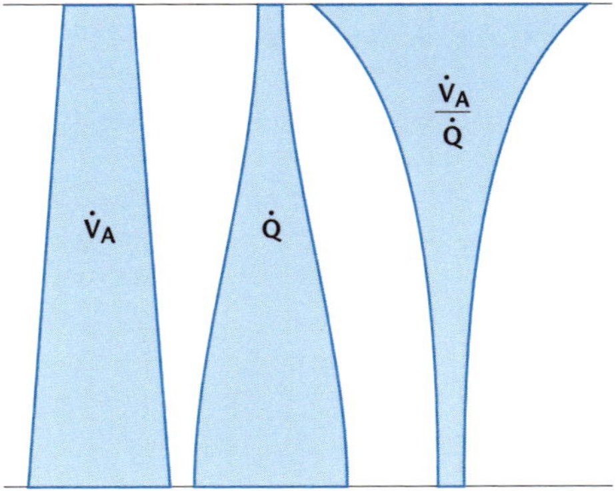

Abb. 5.4: Verteilung von alveolärer Ventilation, Perfusion und des Ventilations-Perfusions-Verhältnisses [6]

Gasaustausch

Diffusion = eigentlicher Vorgang des Gasaustausches zwischen Alveolen und Kapillaren aufgrund der **Partialdruckdifferenzen** (Alveolen: pO_2 100 mmHg, pCO_2 40 mmHg; Kapillarblut: pO_2 40 mmHg, pCO_2 46 mmHg).

Diffusionskapazität

- Maß für die **Durchlässigkeit** der Diffusionsbarriere (Alveolarepithel)
- umso höher, je größer der Gasfluss ($\dot{V}$) und je kleiner die notwendige Partialdruckdifferenz ($P_{alveolär} - P_{kapillär}$)

Diffusionskapazität = $\dot{V} / (P_{alveolär} - P_{kapillär})$

Lungenperfusion

Durchblutung der Lunge ist ein weiterer Parameter eines effektiven Gasaustausches:

- In Ruhe wird nur die Hälfte des Kapillarnetzes durchblutet.
- Bei Arbeit können dilatatorisch Reservekapillaren eröffnet werden.
- Apikale Lungenregionen werden schlechter durchblutet als basale.

Euler-Liljestrand-Mechanismus

Bei Hypoxie: autoregulative **hypoxische Vasokonstriktion** in Gefäßen mit niedrigem alveolärem pO_2 zugunsten besser versorgter Regionen

5.4 Atemgastransport im Blut

Sauerstofftransport im Blut

Hämoglobin

Kooperativer Effekt

Oxygenierung des Hämoglobins

Oxidation des Hämoglobins

Hämoglobin (Hb)

- Das Hb ist ein tetrameres **Trägerprotein** für den Sauerstoff, ein Molekül Hb bindet **4 O_2-Moleküle.** Jede Untereinheit besitzt eine Häm-Gruppe mit einem zentralen Eisenatom.
- Nur ca. 2% des Sauerstoffs liegen physikalisch gelöst vor, ca. 98% werden an Hb gebunden transportiert
- Hb-Gehalt in vivo: 150 g/l Blut, O_2-Bindungskapazität: 200 ml/l Blut

Kooperativer Effekt

Dieser Mechanismus erleichtert die O_2-Aufnahme an das Hb-Molekül: Nach der Bindung des ersten Sauerstoffmoleküls an das Häm wird durch eine Konfigurationsänderung jedem weiteren Molekül die Aufnahme erleichtert. Es findet also eine unterstützende Kooperation zwischen dem bereits gebundenen und dem noch aufzunehmenden Sauerstoff statt.

Oxygenierung des Hb

reversibles Beladen des Trägerproteins (Hb) mit O_2

Oxidation des Hb

Durch Sauerstoffradikale, Giftstoffe (Nitrit) etc. kann sich ein Eisenatom (Fe^{2+}) irreversibel zum dreiwertigen Eisen (Fe^{3+}) umwandeln (oxidieren), wodurch kein Sauerstofftransport mehr möglich ist $\Longrightarrow$ **Methämoglobin**

5.4 Atemgastransport im Blut

Sauerstoffbindungskurve

Linksverschiebung

Rechtsverschiebung

Bohr-Effekt

Linksverschiebung

- Die Sauerstoffaffinität des Hämoglobins wird gesteigert, somit die O_2-Aufnahme in der Lunge begünstigt, die Abgabe im Gewebe erschwert.
- bei: CO_2 ↓, H^+ ↓, pH ↑, 2,3-DPG ↓, Temperatur ↓

Rechtsverschiebung

- Aufgrund der niedrigeren O_2-Affinität des Hämoglobins kann der Sauerstoff im peripheren Gewebe leichter abgegeben werden.
- bei: CO_2 ↑, H^+ ↑, pH ↓, 2,3-DPG ↑, Temperatur ↑

Bohr-Effekt

- erleichterte O_2-Aufnahme in der Lunge
- erleichterte O_2-Abgabe im Gewebe (z. B. Muskulatur)

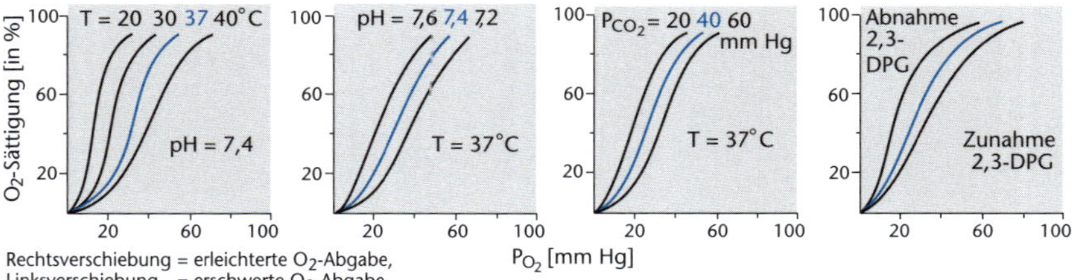

Rechtsverschiebung = erleichterte O_2-Abgabe,
Linksverschiebung = erschwerte O_2-Abgabe

Abb. 5.5: Sauerstoffbindungskurve des Blutes [1]

5.4 Atemgastransport im Blut

CO_2-Transport im Blut

Transportformen

Hamburger-Shift

Transportformen

- 10 % physikalisch **im Blut gelöst** (hoher Löslichkeitskoeffizient)
- 10 % an Hämoglobin gebunden **(Carbaminohämoglobin)**
- 80 % als **Bicarbonat** (HCO_3^-) im Blut gelöst

Hamburger-Shift Die Bildung von Bicarbonat aus CO_2 (membrangängig) findet vornehmlich im Erythrozyten statt, weniger im Plasma. Um die Elektroneutralität zu wahren, wandert dieses HCO_3^- wieder ins Plasma, im **Austausch** (Shift) gegen Cl^--Ionen.

5.4 Atemgastransport im Blut

CO_2-Bindungskurve

Diagramm

Haldane-Effekt

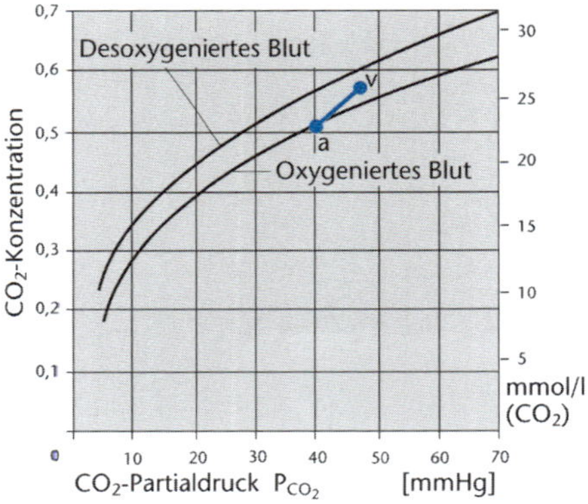

Abb. 5.6: CO_2-Bindungskurve [1]

Haldane-Effekt Desoxygeniertes Blut ist eine schwächere Säure als oxygeniertes Blut und weist daher eine bessere Pufferkapazität auf. Dadurch können die bei der Bicarbonatbildung anfallenden Protonen durch desoxygeniertes Blut besser aufgenommen werden. Dies führt zu:

- erleichterter CO_2-Aufnahme im Gewebe
- erleichterter CO_2-Abgabe in der Lunge

5.5 Atmungsregulation

Grundlagen

Atemzentrum

Hering-Breuer-Reflex

Chemische Kontrolle

Atemzentrum

- inspiratorische und exspiratorische Neurone in der Medulla oblongata **(Rhythmusgeneratoren)**
- Steigerung der Herzfrequenz bei Inspiration und Reduzierung der Herzfrequenz bei Exspiration aufgrund der räumlichen Nähe von Atemzentrum zu kardialen Zentren

Hering-Breuer-Reflex

Steuerung der normalen Ein- und Ausatmung: Rezeptoren registrieren den **Dehnungszustand** der Lunge und vermitteln über den N. vagus entsprechende Informationen an das Atemzentrum. Bei erhöhter Dehnung wird die Inspiration gestoppt und die Ausatmung eingeleitet, eine vermehrte Entspannung der Lunge mit einer Inspiration beantwortet.

Chemische Kontrolle

- Periphere Chemorezeptoren (Glomus caroticum, Glomus aorticum) registrieren v. a. O_2-Konzentrationsänderungen. Afferenzen zum Atemzentrum: N. glossopharyngeus und N. vagus
- Zentrale Chemorezeptoren (Hirnstamm) registrieren v. a. CO_2- und H^+-Konzentrationsänderungen.
- Atemstimulus durch: CO_2 ↑, H^+ ↑, O_2 ↓, Adrenalin ↑, Fieber ↑

5.5 Atmungsregulation

Höhenakklimatisation

Grundlagen

Kurzfristige Anpassung

Langfristige Anpassung

Grundlagen

- Der **pO_2** (aber nicht der fraktionelle Anteil des Sauerstoffs an der Umgebungsluft!) **sinkt** in großen Höhen.
- In 5000 m Höhe beträgt der inspiratorische Sauerstoffpartialdruck ca. 75 mmHg (statt 150 mmHg in Meereshöhe), der alveoläre pO_2 42 mmHg (statt 100 mmHg).

Kurzfristige Anpassung

- Adaptationsversuch des Körpers: **Hyperventilation** ⟹ respiratorische Alkalose (Linksverschiebung) ⟹ Sauerstoffabgabe zusätzlich erschwert
- arteriovenöse pO_2-Differenzen ↑, Puls ↑, Druck in der A. pulmonalis ↑, körperliche Leistungsfähigkeit ↓

Langfristige Anpassung

- **Erythropoetin** steigert Erythrozytenzahl und Hämoglobingehalt
- Erythrozytäre Konzentration von **2,3-Diphosphoglycerat** ↑ ⟹ Rechtsverschiebung mit erleichterter O_2-Abgabe
- Kapillarisierung der Muskulatur und renale Bikarbonatsekretion (zur Kompensation der Alkalose) gefördert

5.5 Atmungsregulation

Pathophysiologie

- Apnoe
- Dyspnoe
- Hyper- und Hypoventilation
- Cheyne-Stokes-Atmung
- Biot-Atmung
- Kussmaul-Atmung

Apnoe Atemstillstand als Folge einer zentralen oder peripheren Atemlähmung

Dyspnoe Atemnot, hervorgerufen durch Aspiration eines Fremdkörpers, Asthma, Herzinsuffizienz etc.

Hyper- und Hypoventilation

- Hyperventilation: alveoläre Ventilation über Bedarf gesteigert $\Longrightarrow$ CO_2-Abatmung $\uparrow$ $\Longrightarrow$ **Hypokapnie** (pCO_2 $\downarrow$)
- Hypoventilation: alveoläre Ventilation unter Bedarf gemindert $\Longrightarrow$ CO_2-Abatmung $\downarrow$ $\Longrightarrow$ **Hyperkapnie** (pCO_2 $\uparrow$)

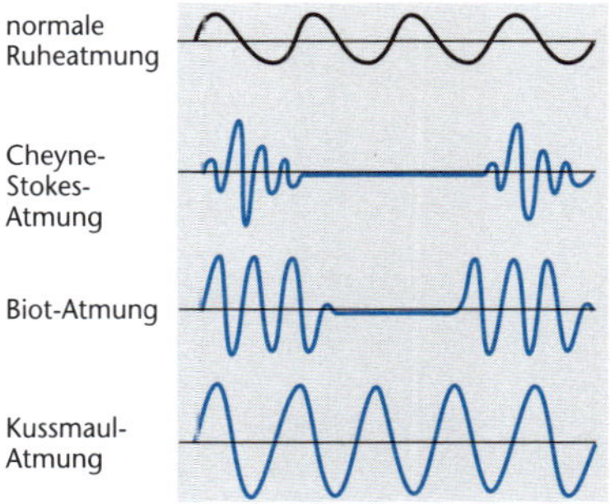

Abb. 5.7: Physiologische und pathologische Atmungsformen [1]

5.6 Säure-Basen-Gleichgewicht

Säure-Basen-Haushalt

Physiologischer pH-Wert

Puffer des Blutes

Protonen-Elimination

Physiologischer pH-Wert

- Im arteriellen Blut: **7,40** (7,37–7,43)
- im venösen Blut: **7,37** (höhere CO_2-Konzentration)

Puffer des Blutes

Ein Puffer besteht aus einer schwachen Säure und ihrer korrespondierenden Base. Er verhindert bei Zugabe von Säuren oder Basen starke Schwankungen des pH-Wertes. Die Konzentration der Gesamtpufferbasen im arteriellen Blut liegt bei **48 mmol/l**. Die Pufferkapazität ist am besten, wenn: **pH = pK ± 1.**

- Bicarbonat-Puffer (wichtigster physiologischer Puffer im Plasma)
- Phosphat-Puffer (relativ kleiner Anteil am Puffermechanismus)
- Proteinat-Puffer (v. a. Hämoglobin und Albumin)

Einen positiven bzw. einen negativen Basenüberschuss (BE) (Referenzwert: –3 mmol/l bis +3 mmol/l) diagnostiziert man bei einem Über- bzw. Unterschreiten der normalen Pufferbasenkonzentration von 48 mmol/l.

Protonen-Elimination

- als CO_2-Abatmung über die **Lunge**
- als H^+-Sekretion über die **Niere**

5.6 Säure-Basen-Gleichgewicht

Störungen des Säure-Basen-Gleichgewichts

- Respiratorische Azidose
- Respiratorische Alkalose
- Metabolische Azidose
- Metabolische Alkalose

Respiratorische Azidose

- pH < 7,37, da CO_2-Abatmung gestört **(Hypoventilation)**
- Ursachen: Asthma, Atemmuskellähmung, Medikamente etc.
- Kompensation: HCO_3^--Rückresorption ↑

Respiratorische Alkalose

- pH > 7,43, da zu viel CO_2 abgeatmet wird **(Hyperventilation)**
- Ursachen: psychische Faktoren, Höhenatmung etc.
- Kompensation: HCO_3^--Rückresorption ↓

Metabolische Azidose

- pH und Pufferbasen durch Protonenüberschuss ↓ (BE negativ)
- Ursachen: Diabetes mellitus (saure Ketonkörper), Niereninsuffizienz, Lactatazidose beim Sport, Diarrhoe etc.
- Kompensation: CO_2-Abatmung ↑, HCO_3^--Rückresorption ↑

Metabolische Alkalose

- pH und Pufferbasen ↑ (BE positiv)
- Ursachen: Erbrechen, Magenerkrankungen etc.
- Kompensation: CO_2-Abatmung ↓, HCO_3^--Rückresorption ↓

☞ Respiratorische Störungen werden vornehmlich metabolisch **(renal)** kompensiert, metabolische Störungen hauptsächlich durch **pulmonale** Mechanismen.

☞ Teilkompensation bedeutet, dass eine Störung des Säure-Basen-Haushalts zwar zum entsprechenden Kompensationsmechanismus geführt hat, aber der pH noch nicht den Normalwert erreicht hat.

6.1 Nahrungsbestandteile

Nahrungsbestandteile

- Kohlenhydrate
- Eiweiße
- Fette
- Vitamine
- Spurenelemente

Kohlenhydrate	• Hauptenergielieferanten des Körpers • täglicher Mindestbedarf: 5 g/kg KG • maximale hepatische Speicherkapazität: ca. 350 g (in Form von Glykogen)
Eiweiße	• in Form von Aminosäuren Bausubstanz für Muskulatur, Enzyme, Plasmaproteine, Nukleinsäuren etc. • täglicher Mindestbedarf für eine ausgeglichene Stickstoffbilanz: 0,5 g/kg KG • mobilisierbares Muskelprotein ca. 10 kg (Energielieferant im Hungerzustand)
Fette	• dienen als Energielieferanten, Vitaminderivate und Kohlenstoffquelle • täglicher Mindestbedarf: 1 g/kg KG • mengenmäßig wichtigster Energiespeicher
Vitamine	• essentielle Co-Faktoren für enzymatische Reaktionen und Biosynthesen • gegliedert in **wasserlösliche** (B, C etc.) und **fettlösliche** (E, D, K, A) Vitamine ☞ Fettlösliche Vitamine: „EDEKA" • Besonderheiten: – Hauptquelle für **Vit. K** sind Vit.-K-produzierende Darmbakterien – **Vit. B_{12}** benötigt zur Resorption den von den Belegzellen des Magens produzierten Intrinsic-Factor – **Vit. D** kann bei UV-Bestrahlung der Haut vom Körper synthetisiert werden
Spurenelemente	• Baustein verschiedenster Strukturen in kleinsten Mengenverhältnissen • essentiell: Eisen, Kupfer, Zink, Fluor, Iod, Selen, Nickel, Kobalt, Molybdän etc.

6.2 Magen-Darm-Trakt

Grundlagen der enteralen Muskulatur und der Peristaltik

Single-Unit-Muskeltypus

Motorik

Gastrointestinale Motilität

Single-Unit Muskeltypus

Die glatten Muskelzellen in allen enteralen Schichten wirken als sowohl mechanisch (über Desmosomen) wie auch elektrisch (über Gap junctions) **gekoppelte Einheiten** (gleichzeitige Kontraktion), aktiviert von Schrittmacherzentren (z. B. ICC = interstitielle Zellen von Cajal). Grundlage sind hierbei rhythmische Membranpotentiale (slow waves) mit f = 3–15 / min.

Motorik

- Die spontan **rhythmische** Motorik dient dem Transport und der Durchmischung.
- Die konstant **tonische** Motorik dient v. a. dem Verschluss.

Gastrointestinale Motilität

- **propulsive Peristaltik:** Kontraktionen laufen analwärts (**MCC** = migration motor complex), im Kolon auch in Gegenrichtung. Der peristaltische Reflex wird durch eine Wanddehnung aktiviert und beginnt stets mit einer Erschlaffung der glatten Muskulatur. In der interdigestiven Phase findet sich alle 90 min eine Peristaltikwelle.
- **nichtpropulsive Peristaltik:** tritt in Form einer stehenden Welle auf, segmentiert also einzelne Darmabschnitte, dient dem Durchmischen
- **tonische Dauerkontraktion:** dient dem Verschluss und dem Unterbinden eines unerwünschten Rückflusses, vor allem im Bereich des Pylorus und der Ileozökalklappe

6.2 Magen-Darm-Trakt

Nervale enterische Versorgung

Grundlagen

Intrinsisches Nervensystem

Extrinsisches Nervensystem

Grundlagen

Der Magen-Darm-Trakt wird vom eigenständigen **enterischen Nervensystem** („Darmhirn") gesteuert. Modulierend wirken Sympathikus und Parasympathikus. Mechanorezeptorische und chemosensorische Informationen werden **afferent** im N. vagus zum ZNS geleitet. Man unterscheidet drei Neuronenklassen:

- cholinerg (erregend): bei fast allen Plexus sowie beim Parasympathikus
- adrenerg / noradrenerg (hemmend): Sympathikus
- peptiderge NANC-Neurone (**n**icht-**a**drenerg, **n**icht-**c**holinerg, teils hemmend, teils erregend): nur Plexus

Intrinsisches Nervensystem

- **Plexus myentericus** (Auerbach)
- **Plexus submucosus** (Meissner)
- Die Plexus innervieren Gefäße, **glatte Muskulatur,** Epithelzellen etc.

Extrinsisches Nervensystem

- **Sympathikus** (efferent): Fasern entspringen aus thorakalen und lumbalen Nuclei intermediolaterales, verlaufen in den Nn. splanchnici und wirken inhibitorisch auf Muskulatur und Gefäße.
- **Parasympathikus** (efferent): Fasern kommen aus der Medulla oblongata (über den N. vagus) und dem Sakralmark (über die Nn. pelvici), ziehen zu cholinergen und peptidergen Plexuszellen und wirken aktivierend.

☞ Willkürlich laufen nur Teile des Schluckens und die Defäkation ab.

6.2 Magen-Darm-Trakt

!

Kauen und Schluckreflex

Kauvorgang

Schluckakt

Kauvorgang

Das Zerkleinern und Zermalmen der Nahrung durch die Zähne macht den Bissen schluckfähig und für die Enzyme besser angreifbar. Bereits im Mund wird also mit der Verdauung begonnen.

Schluckakt

Er lässt sich in einen **willkürlichen** und einen **reflektorischen** Abschnitt unterteilen. Während des Schluckens tritt Atemstillstand ein. Gesteuert wird der Schluckakt über die Nn. trigeminus, glossopharyngeus, vagus und hypoglossus.

- **orale und pharyngeale Phase:** Zunge drückt willkürlich (XII) die Nahrung dorsal gegen den weichen Gaumen ⟹ Aktivierung des Schluckzentrums in der Medulla oblongata ⟹ **Schluckreflex**, bestehend aus:
  - Verschluss des Epipharynx (V, IX) → Passavant'scher Ringwulst
  - Anheben des Os hyoideum und des Schildknorpels → ein Corpus adiposum drückt auf die Epiglottis, die den Larynxeingang verschließt: Sicherung des Respirationstraktes
  - Dilatation des oberen Ösophagussphinkters
  - Die Schlundschnürer (IX, X) transportieren den Bissen kaudalwärts
- **ösophageale Phase:** rasche peristaltische Bewegungen → Transport durch die Speiseröhre → unterer Ösophagussphinkter erschlafft (X) → Durchtritt in den Magen

6.2 Magen-Darm-Trakt

Magen (Gaster)

Proximaler Magen

Distaler Magen

Pylorus

Magenentleerung und enterogastrischer Reflex

Proximaler Magen

- Fundus und proximaler Korpus dienen als Speicher, kaum Peristaltik
- **Akkommodationsreflex:** reflektorische Erschlaffung des Magens bei Füllung ⟹ konstante tonische Wandspannung, gesteuert über N. vagus

Distaler Magen

- Der Hauptteil des Korpus und das Antrum dienen dem Mischen, Emulgieren, Sezernieren und Homogenisieren.
- starke Peristaltik, Lokalisation der Schrittmacherzellen des Magens

Pylorus

Der Pförtner regelt die Magenentleerung. Er lässt in kontrahiertem Zustand (N. vagus) nur Flüssigkeit passieren (gastrische Aufenthaltsdauer des Chymus ca. 1–3 h).

Magenentleerung und enterogastrischer Reflex

Fördernd	Hemmend
Gastrin ↑, Histamin ↑, Substanz P ↑, Motilin, Bombesin (GRP)	CCK ↑, Sekretin ↑, GIP ↑, Enteroglukagon, Somatostatin
Magendehnung ↑ **(enterogastrischer Reflex)**	Dehnung des Dünndarms ↑ im Duodenum: pH ↓, Osmolalität ↑, freie Fettsäuren ↑
Parasympathikus	Sympathikus

6.2 Magen-Darm-Trakt

Darmtrakt

Dünndarm

Dickdarm

Dünndarm

- gliedert sich in Duodenum, Jejunum und Ileum
- Vermengung des Chymus mit Verdauungssäften und Galle (Mündung der Gallenwege und des Ausführungsgangs des Pankreas)
- Hauptort der Resorption wichtiger Nahrungsbestandteile und von Wasser
- aboraler Transport des Chymus sowie dessen Segmentierung
- Frequenz der Peristaltik verringert sich analwärts, proximaler Dünndarm als Schrittmacher, Motilin unterstützt diese **intrinsische Eigenaktivität**
- Aufenthaltszeit des Chymus: ca. **7–9 h,** Passagegeschwindigkeit: 1–5 cm/min
- Ileozökalklappe steuert gerichteten Transport zum Kolon **(Ventilsphinkter)**

Dickdarm

- gliedert sich in Caecum mit Appendix, Kolon, Sigmoid und Rectum
- Eindicken, Speichern und Ausscheiden (Rectum)
- Absorption von Wasser und Elektrolyten
- haustrische, 2–3-mal täglich ablaufende peristaltische Massenbewegungen
- Aufenthaltszeit: **25–30 h** bis zum Sigmoid, **30–120 h** im Rectum → Defäkation

6.3 Sekretion

Speichelsekretion

Drüsen

Funktion

Zusammensetzung

Sekretion/Resorption

Stimulation und Innervation

Drüsen

Speichel wird v. a. in der Glandula parotis, der Glandula sublingualis und der Glandula submandibularis produziert, ferner in den Ebner'schen Drüsen.

Funktion

Speichel dient der oralen Hygiene, der Gleitfähigkeit und der Aufrechterhaltung des feuchten Milieus, enthält Verdauungsenzyme und unterstützt den Geschmack.

Zusammensetzung

- H_2O, Proteine, Lysozym, Peroxidase, IgA und α-**Amylase** (= Ptyalin, spaltet α-1,4-glykosidische Bindungen → Maltose und Isomaltose entstehen)
- Na^+, K^+, Cl^-, HCO_3^-, Ca^{2+}
- Speichel-Sekretionsrate ↑ ⟹ Na^+ ↑, Cl^- ↑, Osmolalität ↑, K^+ ↓, HCO_3^- ↓, pH ↑

Sekretion/ Resorption

- zunächst wird über eine **Na^+-K^+-ATPase** isotoner Primärspeichel sezerniert
- Na^+ und Ca^{2+} werden über einen **Na^+-K^+-$2Cl^-$-Cotransporter** resorbiert, H_2O aber zurückgehalten ⟹ hypotoner Speichel
- K^+ und HCO_3^- werden zusätzlich sezerniert ⟹ **Sekundärspeichel** (0,5–1,5 l/Tag; pH zwischen 5,5 und 7,5)

Stimulation und Innervation

- Stimulation reflektorisch durch Geruch, Geschmack und Kognition
- Die Speicheldrüsen sind parasympathisch (erregend) und sympathisch (hemmend) innerviert.

6.3 Sekretion

Magensaftsekretion

Salzsäure und Intrinsic-Factor

Pepsinogen

Magenschleim

Stimulation

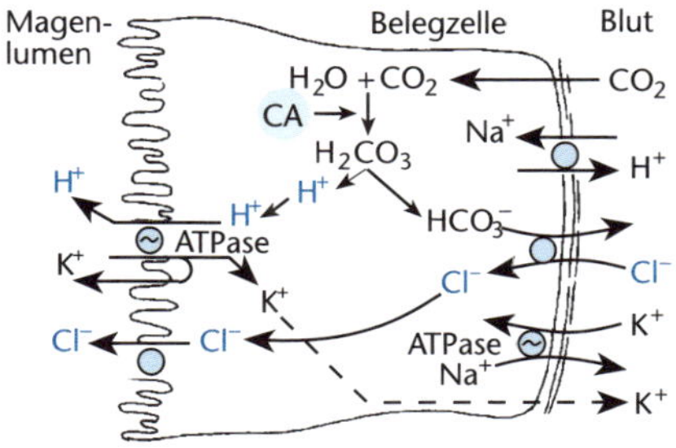

Abb. 6.1: Sekretionsmechanismen der Belegzellen [1]

Salzsäure und Intrinsic-Factor

- werden von **Belegzellen** im Corpus-Fundus-Bereich sezerniert
- Eine **K^+-H^+-ATPase** sezerniert aus Tubulovesikeln isotone **HCl**, diese dient dem Abtöten von Bakterien und hält den pH niedrig.
- Der **Intrinsic-Factor** ist essentiell für die Resorption von Cobalamin (Vit. B_{12}) im terminalen Ileum.

Pepsinogen

- Das inaktive Prohormon Pepsinogen wird von den **Hauptzellen** sezerniert und im Corpus-Fundus-Bereich durch den niedrigen pH (1,5–3,0) in **Pepsin** umgewandelt.
- Pepsin spaltet proteolytisch Proteine in Aminosäuren.

Magenschleim

- Der mucinhaltige bikarbonatreiche und alkalische Schleim wird von den **Nebenzellen** produziert.
- Er kleidet den Magen aus und schützt vor Selbstverdauung.

Stimulation

- cephalisch: Anblick und Geruch (N. vagus) der Nahrung ↑
- gastral: Dehnung ↑, Koffein ↑, Peptone ↑, Alkohol ↑
- hormonell: Histamin ↑, Gastrin ↑ (Sekretin dagegen inhibiert)

6.3 Sekretion

Pankreassekretion

Grundlagen

Zusammensetzung

Aktivierung der Peptidasen

Stimulation

Inhibition

Grundlagen

- Pankreassekret: alkalisch (pH 8,5), **bikarbonatreich**, enzymhaltig, 1–2 l/Tag
- dient dem Abbau sämtlicher Nahrungsbestandteile, neutralisiert HCl
- Na^+/H^+-Antiporter und Na^+-K^+-ATPase sind an der Sekretion beteiligt

Zusammensetzung

- $NaHCO_3$, H_2O, Cl^-, 30 g Enzymprotein/Tag
- **Endopeptidasen:** Trypsinogen, Chymotrypsinogen und Proelastase
- **Exopeptidasen:** Procarboxypeptidase A und B, Proaminopeptidasen
- **Lipolytische Enzyme:** Lipasen, Phospholipase A, Cholesterolesterase
- **Amylasen:** α-Amylase
- **Nucleolytische Enzyme:** Ribonucleasen, Desoxyribonucleasen

Aktivierung der Peptidasen

Peptidasen werden als **inaktive Vorstufen** ins Duodenum sezerniert (sonst Gefahr der Selbstverdauung), **Enterokinase** aktiviert z. B. Trypsinogen → Trypsin

Stimulation

- Parasympathikus
- **Sekretin** (HCO_3^--Gehalt ↑), **CCK** (Enzymmenge ↑)
- N. vagus, Substanz P

Inhibition

- Sympathikus
- Somatostatin, Glucagon, PP

6.3 Sekretion

Gallensekretion

Bildung

Funktion

Zusammensetzung

Stimulation

Enterohepatischer Kreislauf

Bildung

Die Galle (1–1,5 l/Tag) wird von den **Hepatozyten** gebildet. Über die Gallenwege gelangt sie ins Duodenum oder wird retrograd zur Speicherung und Eindickung in die **Gallenblase** eingespeist, wo ihr Na^+, Cl^- und H_2O entzogen werden. Die Gallensalze werden mit Glycin oder Taurin konjugiert.

Funktion

- **Fettverdauung** und Fettemulsion
- **Ausscheidung** von Pharmaka, Giften, Steroiden, Bilirubin (dieses wird in der Leber mit Glucuronsäure konjugiert und in die Galle sezerniert)
- **Ausscheidung** von Cholesterin (kann nicht abgebaut werden)

Zusammensetzung

- Gallensäure und **Bilirubin**, Cholesterin, Lecithin, Na^+, K^+, Ca^{2+}, HCO_3^-
- Durch die Eindickung in der Gallenblase ändern sich die Konzentrationen.

Stimulation

- **Cholecystokinin (CCK)** bewirkt die Kontraktion der Gallenblase, Sekretin unterstützt dies.
- N. vagus und fetthaltiger Chymus im Duodenum aktivieren Gallensekretion

Enterohepatischer Kreislauf

- Insgesamt werden über 90 % der Gallensäuren im Ileum **rückresorbiert**.
- Resorbiertes gelangt über die Pfortader wieder in die Leber ⟹ Kreislauf
- Bilirubin wird als Stercobilin zu 80 % ausgeschieden.

6.4 Gastrointestinale Hormone und Peptide

Hormone und Peptide I

Gastrin

Cholecystokinin (CCK)

Sekretin

Gastrisches inhibitorisches Polypeptid (GIP)

Enteroglucagon (GLP-1)

Motilin

Hormon	Syntheseort	Sekretionsreiz	Funktion
Gastrin	G-Zellen (Pylorus, Duodenum)	pH_{Magen} ↑, Vagusaktivität ↑, Peptide ↑, Magendehnung ↑, Histamin ↑	HCl-Sekretion ↑, Magenmotilität ↑, Pepsinogensekretion ↑
Cholecystokinin (CCK)	I-Zellen (Dünndarm)	duodenale Fettsäuren ↑, Peptide ↑	Pankreassekret ↑, HCl-Sekretion ↓, Magenmotilität ↓, Kontraktion der Gallenblase
Sekretin	S-Zellen (Dünndarm)	duodenale Gallensalze ↑, $pH_{Duodenum}$ ↓, Fettsäuren ↑	Magenmotilität ↓, HCO_3^- im Pankreas ↑, HCl ↓, Insulin ↑
Gastrisches inhibitorisches Polypeptid (GIP)	K-Zellen (Dünndarm)	Fettsäuren ↑, Peptide ↑, Glucose ↑, $pH_{Duodenum}$ ↓	Insulinsekretion ↑, Magenmotilität ↓, HCl ↓
Enteroglucagon (GLP-1)	L-Zellen (Dünndarm)	Fettsäuren ↑, Glucose ↑	Schleimhautwachstum ↑, HCl ↓, Darmmotilität ↓, Pankreassekretion ↓
Motilin	Mo-Zellen (Dünndarm)	Fettsäuren ↑, $pH_{Duodenum}$ ↓	interdigestive Motilität ↑, Magenentleerung ↑

Hormone und Peptide II

Vasoaktives intestinales Peptid (VIP)

Substanz P

Somatostatin (SIH)

Neurotensin

Pancreatic Polypeptide (PP)

Bombesin (GRP)

Histamin

Serotonin (5-HT)

Hormon	Syntheseort	Sekretionsreiz	Funktion
Vasoaktives intestinales Peptid (VIP)	Nervenendigungen	Neurotransmitter	Galle ↑, Pankreassaft ↑, HCl ↓, Motilität ↓
Substanz P	Nervenendigungen	Neurotransmitter	Motilität ↑
Somatostatin (SIH)	D-Zellen (Dünndarm, Dickdarm, Pankreas)	Fettsäuren ↑, Glucose ↑, Peptide ↑	Gastrin ↓, HCl ↓, Motilität ↓, CCK ↓, VIP ↓, Motilin ↓
Neurotensin	N-Zellen (Dünndarm)	duodenale Fettsäuren ↑	Magensaftsekretion ↓
Pancreatic Polypeptide (PP)	F-Zellen (Pankreas)	Peptide, Vagusaktivität	Pankreassekretion ↓
Bombesin (GRP)	Nervenendigungen	Neurotransmitter, CCK ↑	Gastrinsekretion ↑
Histamin	ECL-Zellen (Magen)	Vagusaktivität ↑	HCl-Sekretion ↑, Pepsinogensekretion ↑
Serotonin (5-HT)	EC-Zellen (Magen, Darm)	Neurotransmitter und Chymusbestandteile	Motilität ↑

6.5 Resorption

Aufnahme wichtiger Nahrungsbestandteile

Grundlagen

Monosaccharide

Aminosäuren

Lipide

Elektrolyte und H_2O

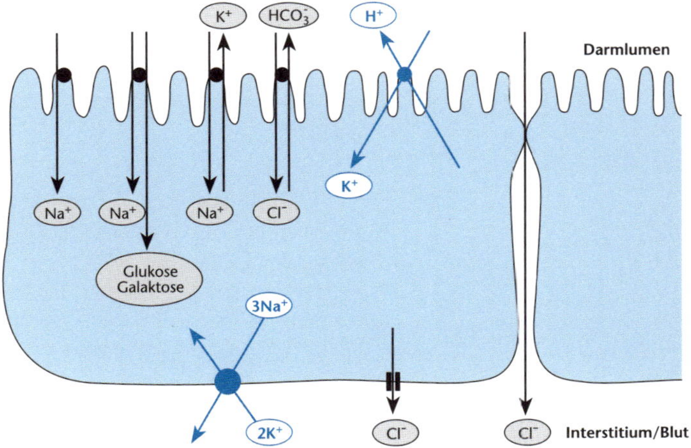

Abb. 6.2: Elektrolytresorption im Darm [1]

Grundlagen

- quantitativ höchste Resorption: Dünndarm
- Transportmechanismen: Diffusion (Kanäle, parazellulär, transzellulär), primär und sekundär aktiver Transport
- bedarfsgerechte Steuerung durch Hormone möglich (z. B. Vit. D, Aldosteron)

Monosaccharide

- Glucose und Galactose: sekundär aktiv über **Na^+-Symport**
- Fructose: **erleichterte Diffusion** durch spezielle Carrier
- Abgabe aus den Enterozyten in die Blutbahn zum Weitertransport (V. portae)

Aminosäuren

freie Aminosäuren, Di- und Tripeptide: sekundär aktiv über spezifische **Na^+-Symporter**

Lipide

- Emulgierung in Form von **Mizellen**, dann Aufspaltung und **Diffusion** der Abbauprodukte (Monoglyceride, freie Fettsäuren, Cholesterin, Lysolecithin) in den Enterozyten und Resynthese zu neuen Triglyceriden → Verpackung in Chylomikronen
- Abtransport der Chylomikronen über die Lymphe

Elektrolyte und H_2O

- H_2O-Rückresorption zu 80 % im Dünndarm, 19 % im Kolon (Diffusion)
- Mechanismen der Elektrolytresorption ↗ Abb. 6.2

6.6 Immunabwehr

Lymphatische Funktion

Abwehrmechanismen

Lymphgewebe

Abwehrmechanismen

Über die Nahrung, das Trinkwasser und nicht zuletzt über die Atmung gelangen eine Vielzahl potentieller Krankheitserreger in die Mundhöhle, den Ösophagus und den Magen-Darm-Trakt. Mechanismen zur Erregerabwehr:

- **Schleim**, nahezu im gesamten enteralen System
- **Magensäure** (HCl), tötet die meisten Bakterienarten zuverlässig ab
- **Sekretorisches Immunglobulin A** (sIgA)
- **Enzyme**

Lymphgewebe

in Form von einzelnen Follikeln oder ganzen Follikelkonglomeraten wie:

- **Tonsillen**
- **Peyer-Plaques** in Jejunum und Ileum (eng korreliert mit **M-Zellen**, die den Eindringling dendritischen Zellen präsentieren → Aktivierung der T-Lymphozyten)
- **Appendix vermiformis** („Bauchmandel“)

7.1 Energiehaushalt

Energieumsatz

Grundumsatz

Freizeitumsatz

Arbeitsumsatz

Grundumsatz

- Energieumsatz des Körpers unter standardisierten Bedingungen:
  - in Ruhe
  - morgens
  - nüchtern
  - in Indifferenztemperatur
  - bei normaler Körpertemperatur
- mittlere Werte:
  - **Frauen:** 3,8 kJ/kg KG/h; **6,4 MJ/Tag** (75 W)
  - **Männer:** 4,2 kJ/kg KG/h; **7,1 MJ/Tag** (85 W)

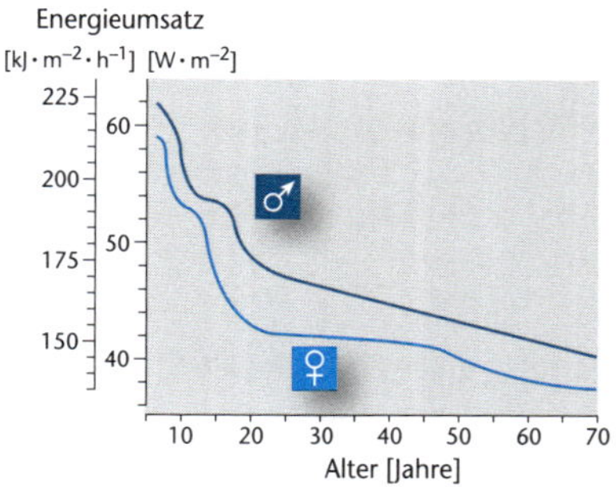

Abb. 7.1: Abhängigkeit des Grundumsatzes von Geschlecht und Lebensalter [7]

Freizeitumsatz

- Energieumsatz ohne wesentliche körperliche Betätigung
- mittlere Werte:
  - **Frauen:** 8,4 MJ/Tag (100 W)
  - **Männer:** 9,6 MJ/Tag (115 W)

Arbeitsumsatz

je nach Ausmaß der körperlichen Aktivität steigert sich der Freizeitumsatz um etwa:

- leichte Arbeit: + 2 MJ/Tag
- mittelschwere Arbeit: + 6 MJ/Tag
- sehr schwere Arbeit: + 10 MJ/Tag

7.1 Energiehaushalt

Brennwert der Nahrungsstoffe

Physikalischer Brennwert

Biologischer Brennwert

Kohlenhydrate

Eiweiße

Fette

Ethanol

Physikalischer Brennwert Energie, die bei direkter Verbrennung des Nahrungsstoffes im Kalorimeter frei wird.

Biologischer Brennwert Der biologische Brennwert bei Verbrennung im Organismus ist **kleiner** als der physikalische, da die im Stoffwechsel anfallenden Endprodukte noch energiehaltig sind, z.B. **Harnstoff** beim Eiweißabbau.

Nährstoff	Physikalischer Brennwert (kJ/kg)	Biologischer Brennwert (kJ/kg)
Kohlenhydrate	17,6	17,2
Eiweiße	23,2	17,2
Fette	38,9	38,9

Ethanol Ethanol hat einen hohen biologischen Brennwert (29,7 kJ/kg), der nur von Fett übertroffen wird, ein hoher Alkoholkonsum begünstigt folglich Adipositas

7.1 Energiehaushalt

RQ und kalorisches Äquivalent des Sauerstoffs

Respiratorischer Quotient (RQ)

Kalorisches Äquivalent des Sauerstoffs

Respiratorischer Quotient (RQ)

- RQ = CO_2-Abgabe/O_2-Aufnahme
- stets charakteristisch für die Art des verbrannten Nahrungsstoffs (vgl. Summenformeln beim Abbau von Kohlenhydraten, Eiweiß und Fetten im GK1 Biochemie)
- Vom RQ kann auf die Art des verbrannten Nahrungsstoffes und damit auf den Energieumsatz geschlossen werden, da die Brennwerte der Nahrungsstoffe bekannt sind.

Kalorisches (energetisches) Äquivalent des Sauerstoffs

Verhältnis des aufgenommenen O_2 zur produzierten Energie bei der Verbrennung eines bestimmten Nahrungsstoffs

Nahrungsstoff	Kalorisches Äquivalent des O_2 (kJ/l O_2)	RQ
Kohlenhydrate	21,1	1,00
Eiweiße	18,8	0,81
Fette	19,6	0,70
Europäische Mischkost	20,0	0,87

7.1 Energiehaushalt

Kalorimetrie

Direkte Kalorimetrie

Indirekte Kalorimetrie

Direkte Kalorimetrie

Messung der Wärmeabgabe in einer geschlossenen Kammer (Wärmeabgabe und umgesetzte Energie in Ruhe nahezu gleich).

Indirekte Kalorimetrie

Errechnung des Energieumsatzes aus O_2-Verbrauch und CO_2-Abgabe:

- **Messung im geschlossenen System**
  - Proband atmet über ein Spirometer reinen Sauerstoff ein.
  - Die Abnahme des Spirometer-Volumens (O_2-Aufnahme) erlaubt die Berechung des Energieumsatzes.
  - Die produzierte CO_2-Menge und damit der RQ können nicht gemessen werden.
  - Vorteil: keine Messung von Gaspartialdrücken nötig
- **Messung im offenen System**
  - Proband atmet Raumluft ein.
  - In der ausgeatmeten Luft werden O_2- und CO_2-Konzentrationen bestimmt und mit denen der Raumluft verglichen. Aus den Differenzen kann der RQ und damit der Energieumsatz ermittelt werden.

7.1 Energiehaushalt

Berechnung des Energieumsatzes

Beispielberechnung

Beispielberechnung Ein Proband hat ein Atemzeitvolumen von 400 l pro Stunde. Der Sauerstoffanteil der Einatemluft beträgt 20 %, der Sauerstoffanteil der Ausatemluft 15 %. Wie hoch ist der Energieumsatz in dieser Stunde?

(1) **Berechnung des aufgenommenen O_2:** Die aufgenommene O_2-Menge ist die Differenz aus eingeatmeter und ausgeatmeter O_2-Menge: 5 % von 400 l, also 20 l.

(2) **Berechung des Energieumsatzes:** Der Energieumsatz in dieser Stunde (bei der Verbrennung von Mischkost) ist die aufgenommene O_2-Menge in dieser Stunde multipliziert mit dem kalorischen Äquivalent des Sauerstoffs (für Mischkost):
$20\ l\ O_2 \times 20\ kJ/l\ O_2 = 400\ kJ$

7.2 Wärmehaushalt

Körpertemperatur

Isotherme

Tageszeitliche Schwankungen

Körperliche Arbeit

Isotherme Zonen gleicher Temperatur in kalter und warmer Umgebung

Tageszeitliche Schwankungen
- Amplitude 0,5–1 °C
- Minimum am frühen Morgen, Maximum am späten Abend
- Bei Frauen erhöht nach der Ovulation **Progesteron** in der Lutealphase den Sollwert um 0,3–0,5 °C → Feststellung des Eisprungs, **Knaus-Ogino-Methode** zur Empfängnisverhütung

Körperliche Arbeit Körperliche Arbeit kann bei extremer Belastung zu einem Anstieg der Körperkerntemperatur bis auf 40 °C führen.

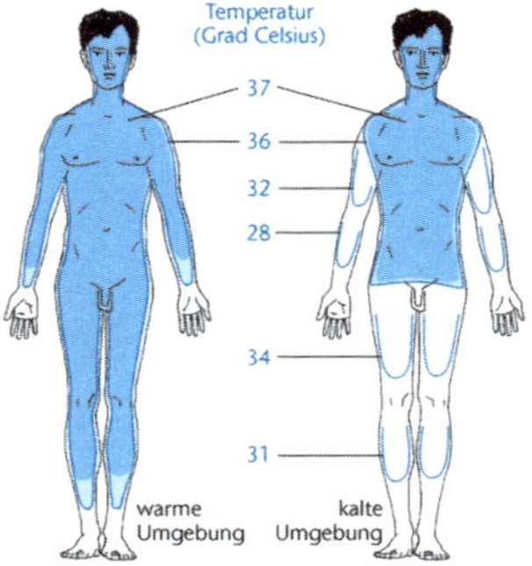

Abb. 7.2: Isotherme eines Erwachsenen [1]

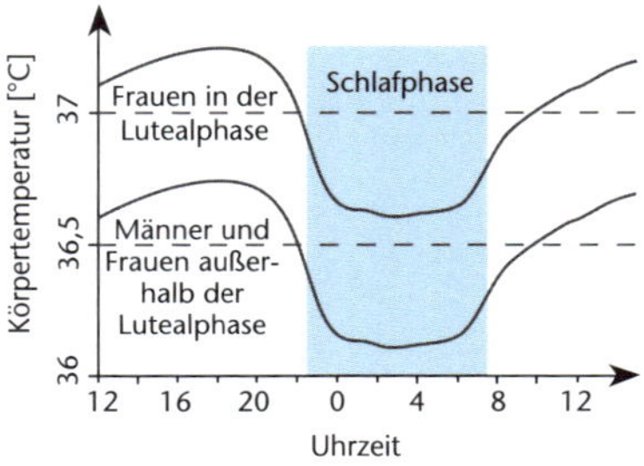

Abb. 7.3: Tagesrhythmische Schwankungen der Körpertemperatur bei Männern und Frauen [1]

7.2 Wärmehaushalt

!

Wärmebildung

Mechanismen

Mechanismen

- **innere Arbeit**
  - Stoffwechselprozesse im Rahmen des Energieumsatzes
- **äußere Arbeit**
  - willkürliche Muskelbewegungen
- **thermoregulatorische Wärmebildung**
  - Kältezittern (unwillkürliche Muskelbewegung)
  - zitterfreie Wärmebildung (Steigerung der Lipolyse im braunen Fettgewebe des Säuglings über β_3-Rezeptoren, beim Erwachsenen nur rudimentär)

7.2 Wärmehaushalt

Wärmeabgabe

- Strahlung
- Evaporation
- Konvektion
- Konduktion

Strahlung

- Netto-Wärmeabgabe durch vom Körper emittierte langwellige Infrarotstrahlung
- in Ruhe **ca. 60 %** der Wärmeabgabe

Evaporation

- Verdunstung, auch bei relativer Luftfeuchte von 100 % möglich, solange Hauttemperatur > Umgebungstemperatur (Wasserdampfdruck$_{\text{Haut}}$ > Wasserdampfdruck$_{\text{Luft}}$)
  - **Perspiratio sensibilis** (Sekretion der Schweißdrüsen): Mit jedem verdunsteten Liter Wasser werden 2,4 MJ Wärme abgegeben.
  - **Perspiratio insensibilis:** nicht nerval gesteuerte extraglanduläre Wasserabgabe (Haut, Schleimhäute, ca. 1 l/Tag)
- in Ruhe **ca. 20 %** der Wärmeabgabe, bei körperlicher Anstrengung **ca. 70 %**

Konvektion

- Die an die Haut grenzende Luftschicht wird von der Haut erwärmt, steigt auf und wird von kälterer Luft ersetzt ⟹ Steigerung der Wärmeabgabe durch Zunahme der Luftbewegungen (Wind, Ventilator)
- in Ruhe **ca. 15 %** der Wärmeabgabe

Konduktion

- Wärmeleitung bei direktem Hautkontakt mit flüssigem oder festem Material
- in Ruhe **ca. 5 %** der Wärmeabgabe

☞ Im Wasser ist der Wärmeaustausch durch Konduktion stark erhöht!

7.2 Wärmehaushalt

Innerer Wärmestrom

Funktion

Durchblutung von Haut und Extremitäten

Gegenstromprinzip des arteriovenösen Wärmeaustauschs

Funktion

Der Wärmetransport vom Körperkern zur Körperschale ist wesentlich für die Wärmeabgabe durch Konduktion und Konvektion.

Durchblutung von Haut und Extremitäten

Der innere Wärmestrom wird durch die Änderung der Hautdurchblutung an die Umgebungstemperatur angepasst:

- Vasokonstriktion (Sympathikotonus ↑) ⟹ Wärmedurchgangswiderstand ↑, Wärmeabgabe ↓
- Vasodilatation (Sympathikotonus ↓) ⟹ Wärmedurchgangswiderstand ↓, Wärmeabgabe ↑

Gegenstromprinzip des arteriovenösen Wärmeaustauschs

Der parallele Verlauf von Arterien und Venen in den Extremitäten ermöglicht eine Erwärmung des zurückfließenden venösen Blutes durch die Arterien, die Wärme aus dem Körperkern mitführen.

- Vasokonstriktion: Wärmeaustausch zwischen Arterien und Venen ↑. Der Wärmestrom in die Peripherie wird so bei Kälte minimiert.
- Vasodilatation: Wärmeaustausch ↓, es wird mehr Wärme in die Körperschale transportiert und damit abgegeben.

7.2 Wärmehaushalt

Thermoregulation

Mess- und Regelsystem der Thermoregulation

Indifferenztemperatur

Thermoregulation des Neugeborenen

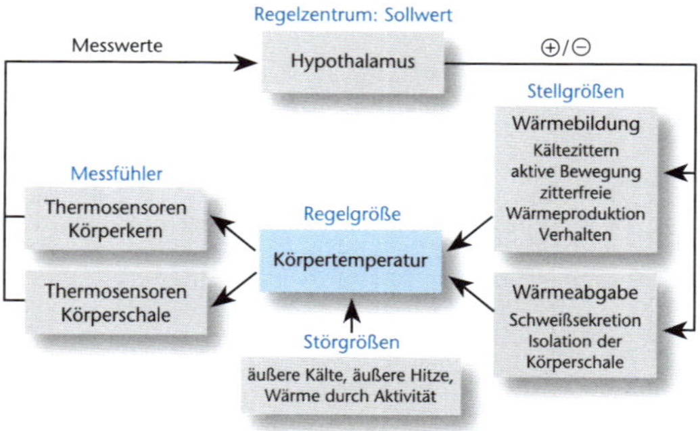

Abb. 7.4: Mess- und Regelsystem der Thermoregulation [1]

Indifferenztemperatur

Thermische Neutralzone ohne Wärme- oder Kältebelastung ⟹ kein Muskelzittern, keine Schweißsekretion

- unbekleideter, ruhender Erwachsener: 28–30 °C (relative Luftfeuchte 50 %, Windstille)
- im Wasser (hoher Wärmeentzug durch Konduktion): 35–36 °C
- Neugeborene: 32–34 °C

Thermoregulation des Neugeborenen

- Trotz des höheren Energieumsatzes sind Neugeborene stärker als Erwachsene von Unterkühlung bedroht:
  - größeres Verhältnis Körperoberfläche zu Körpervolumen
  - geringe Isolationsschicht (dünnes Fettpolster)
- Ausgleich: Lipolyse im brauen Fettgewebe

7.2 Wärmehaushalt

Akklimatisation

Definition

Hitzeakklimatisation

Kälteakklimatisation

Definition

Langfristige Anpassung an klimatische Bedingungen, abzugrenzen von den kurzfristigen Regulationsmechanismen.

Hitzeakklimatisation

- Schwitzschwelle ↓ (Schweißsekretion schon bei geringeren Temperaturen)
- Schweißproduktion ↑
- Zahl aktiver Schweißdrüsen ↑
- Elektrolytgehalt des Schweißes ↓ (Elektrolyteinsparung)
- Durstgefühl ↑
- Verhaltensanpassung (Kleidung, temperierte Räume, motorische Aktivitäten ↓)

Kälteakklimatisation

- Energieumsatz ↑ (metabolische Kälteadaption)
- Subjektive Kälteempfindung ↓
- Zitterschwelle ↓ (Muskelzittern schon bei höheren Temperaturen)
- Verhaltensanpassung (Kleidung, temperierte Räume, motorische Aktivitäten ↑)

7.2 Wärmehaushalt

Fieber

Erhöhen des Sollwerts der Körpertemperatur

Fieberanstieg

Fieberabfall

Erhöhen des Sollwerts der Körpertemperatur

- **Exogene Pyrogene** (bakterielle Endotoxine, Viren) stimulieren Makrophagen zur Produktion von endogenen Pyrogenen (Interleukine, Interferone, TNF).
- **Endogene Pyrogene** binden an Rezeptoren im Hypothalamus $\Rightarrow$ Bildung von Prostaglandinen
- V. a. **Prostaglandin E_2** bewirkt über cAMP als second messenger die Sollwertverstellung im Hypothalamus.

Fieberanstieg

- Wärmeabgabe ↓ (Vasokonstriktion)
- Wärmebildung ↑ (Muskelzittern, „Schüttelfrost")

Fieberabfall

- Senkung der Körpertemperatur (Vasodilatation, Schweißsekretion)
- Erhöhtes subjektives Wärmegefühl, da der Sollwert der Körpertemperatur wieder niedriger gestellt ist.

Pathophysiologie der Thermoregulation I

Hyperthermie

Hitzeschäden

Hyperthermie

- Überlastung der Stellglieder für die Wärmeabgabe
- Obergrenze für noch mit dem Leben vereinbare Körperkerntemperaturen: 42–43 °C

Hitzeschäden

- **Hitzekollaps:** langes Stehen unter Hitzeeinwirkung ⟹ thermoregulatorische Dilatation der Hautgefäße ⟹ Blutdruckabfall ⟹ Mangeldurchblutung des Gehirns
- **Hitzschlag:** unzureichende Wärmeabgabe (v. a. unter intensiver Sonneneinstrahlung) ⟹ Wärmestau ⟹ Körperkerntemperaturen > 40 °C ⟹ Schocksymptome und schwere Schädigung des Gehirns (Verwirrtheit, Krämpfe, Bewusstlosigkeit, Hirnödem)
- **Sonnenstich:** Wärmestau im Kopf durch direkte Sonnenlichteinwirkung ⟹ Reizung der Meningen
- **Hitzeerschöpfung:** starke Schweißsekretion ⟹ Volumenmangelschock
- **Hitzekrämpfe:** Ausgleich starker Schweißverluste durch Trinken kochsalzfreier Flüssigkeit ⟹ Muskelkrämpfe durch NaCl-Defizit

7.2 Wärmehaushalt

Pathophysiologie der Thermoregulation II

Hypothermie

Induzierte Hypothermie

Stadien der Hypothermie

Körperkerntemperatur (°C)	Stadium	Symptome
bis 35	Exzitationsstadium	Kältezittern, allgemeine Erregung
34–30	Adynamiestadium	Muskelstarre, Teilnahmslosigkeit
unter 30	Paralysestadium	Beeinträchtigung der Sprache, Bewusstseinstrübung
unter 27–25	Tod	meist durch Kammerflimmern

Induzierte Hypothermie

- Hypothermie ⟹ Senkung des Energieverbrauchs der Gewebe (Herz, Gehirn) ⟹ deutlich längere Toleranz des Ausfalls von Blut- und Sauerstoffversorgung
- Einsatz induzierter Hypothermie am Patienten in der Herz- und Gefäßchirurgie
- Kühlen ermöglicht längeres Überleben von isolierten Organen (z. B. Transplantat-Transport).

7.3 Arbeits- und Leistungsphysiologie

Muskulatur

Energiebereitstellung

Muskeldurchblutung

Muskelkater

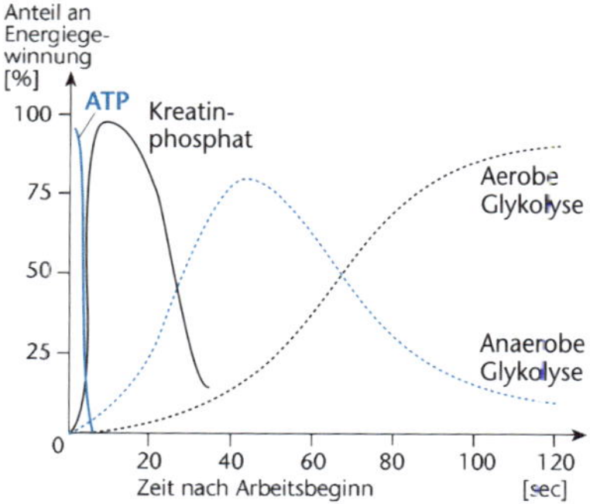

Abb. 7.5: Energiebereitstellung in einer Muskelzelle während der ersten 120 Sekunden einer Beanspruchung [1]

Muskeldurchblutung

- Ruhe: 3 ml/100 g pro min
- maximale Arbeitsbelastung: 50–130 ml/100 g pro min
- 30 s nach Beginn der Muskelarbeit: Zunahme der Muskeldurchblutung durch lokale vasodilatatorische Faktoren (pO_2 ↓, pCO_2 ↑, pH ↓)
- Bei statischer Muskelarbeit (isometrische Kontraktion) nimmt ab einer Kontraktion von 30 % der Maximalkraft die Durchblutung ab (intramuskulärer Druck verschließt mechanisch die Kapillaren), bei 50–60 % kommt die Durchblutung zum Erliegen.
- Bereits bei einer Kontraktion mit 10 % der Maximalkraft reicht die Durchblutung nicht mehr für eine rein aerobe Energiegewinnung.

Muskelkater

Ursache: multiple Mikrofaserrisse **(Mikrotraumen)** im Muskel mit nachfolgender lokaler Ödembildung; **nicht** Folge des erhöhten Lactatspiegels!

7.3 Arbeits- und Leistungsphysiologie

Herz-Kreislauf-System

Hämodynamische Anpassungen

Herzminutenvolumen

Energiebedarfsdeckung des Herzmuskels

Hämodynamische Anpassungen

Folgen der Sympathikusaktivierung (↗ Karte 195)

- **Vasokonstriktion in Haut und Eingeweiden** (α_1-Rezeptoren); später thermoregulatorische Vasodilatation in Hautgefäßen (β_2-Rezeptoren)
- **Totaler peripherer Widerstand** ↓ (Vasodilatation der Muskulatur durch lokal metabolische Faktoren)
- **Venokonstriktion** (α_1-Rezeptoren) ⟹ venöser Rückstrom ↑
- **Herzfrequenz** ↑, **Herzkontraktilität** ↑ (β_1-Rezeptoren) ⟹ **Schlagvolumen** ↑ (um 20–30 %), **Herzzeitvolumen** ↑ (max. Faktor 4–5, nach maximaler Steigerung des Schlagvolumens ist die Steigerung des Herzzeitvolumens allein Folge der Herzfrequenz-Zunahme)
- **Systolischer Blutdruck** ↑
- Diastolischer Blutdruck bleibt unverändert oder sinkt leicht ⟹ mittlerer arterieller Druck steigt nur geringfügig
- **Koronardurchblutung** ↑ (β_2-Rezeptoren); Gehirndurchblutung bei Muskelarbeit konstant

Herzminutenvolumen

- Ruhe: 5 l
- maximale Belastung: 20–25 l (Hochleistungssportler bis 35 l)

Energiebedarfsdeckung des Herzmuskels

- Ruhe: vorwiegend Fettsäuren, Glucose
- schwere körperliche Arbeit (z. B. 200 W): Lactatoxidation

7.3 Arbeits- und Leistungsphysiologie

Atmung

Sauerstoffschuld

Atemminutenvolumen

Sauerstoffausschöpfung

Sauerstoffschuld

- O_2-Bedarf steigt in Abhängigkeit von der Leistung
- O_2-Aufnahme erreicht nach Beginn einer Arbeit erst verzögert (3–5 min) das benötigte Niveau ⟹ **O_2-Defizit**, das erst in der Erholungsphase durch kurzfristig anhaltend hohe O_2-Aufnahme wieder ausgeglichen wird
  - **Arbeit unterhalb der Dauerleistungsgrenze:** O_2-Defizit bleibt konstant (steady state)
  - **Arbeit oberhalb der Dauerleistungsgrenze:** O_2-Defizit nimmt kontinuierlich zu
- für Tilgung benötigtes O_2-Volumen (O_2-Schuld) > O_2-Defizit (da u. a. Herz- und Atemtätigkeit noch nicht ihren Ruhewert erreicht haben)

Atemminutenvolumen

- Ruhe: 6–8 l (O_2-Aufnahme: 0,25 l)
- maximale Belastung: 100 l (O_2-Aufnahme 2 l bis max. 5 l beim Trainierten)

Sauerstoffausschöpfung

- zunehmende Leistung: Sauerstoffausschöpfung des Blutes ↑ ⟹ pO_2 im venösen Blut ↓
- **$avDO_2$** (arterio-venöse Differenz für O_2) 0,05 → 0,15 l O_2/l Blut

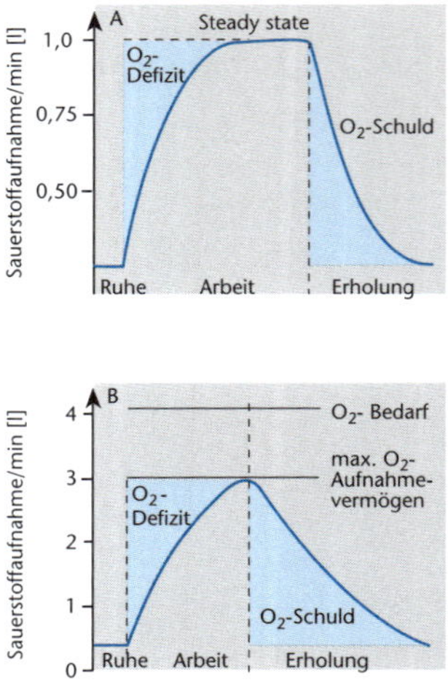

Abb. 7.6: Sauerstoffaufnahme (l/min) bei einer Arbeit unterhalb (A) und oberhalb (B) der Dauerleistungsgrenze [1]

7.3 Arbeits- und Leistungsphysiologie

Hormonelle Veränderungen unter Belastung

Vorrangiges Ziel

Katecholaminwirkungen

Hypophyse

Pankreas

Vorrangiges Ziel	Energiebereitstellung
Katecholamin-wirkungen	NNM: Katecholaminsekretion ↑ ⟹ • **Fettgewebe:** Lipolyse ↑, Ketogenese ↑ (β_3-Rezeptoren) • **Leber:** Glykogenolyse ↑, Gluconeogenese ↑ (β_2-Rezeptoren) • **Skelettmuskel:** Glykogenolyse ↑ (β_2-Rezeptoren)
Hypophyse	• ACTH ↑ ⟹ Glucocorticoide ↑ • Wachstumshormon-Freisetzung
Pankreas	• Insulin ↓ • Glucagon ↑

7.3 Arbeits- und Leistungsphysiologie

Lactatspiegel im Blut

Normwerte

Aerobe Schwelle

Aerob-anaerober Übergangsbereich

Anaerobe Schwelle

Ausgleich der metabolischen Lactatazidose

Normwerte	• Ruhe: 0,6–1,8 mmol/l • schwere Arbeit: bis 15 mmol/l
Aerobe Schwelle	• **Lactat < 2 mmol/l** • aerobe Glykolyse findet statt • Leistungssteigerung und Dauerleistung möglich
Aerob-anaerober Übergangsbereich	• **Lactat 2–4 mmol/l** • aerobe und anaerobe Glykolyse finden statt
Anaerobe Schwelle	• **Lactat > 4 mmol/l** • ausschließlich anaerobe Glykolyse möglich • Dauerleistungsgrenze erreicht
Ausgleich der metabolischen Lactatazidose	• Niere: H^+-Sekretion ↑ anstatt K^+ ⟹ K^+-Konzentration im Blut ↑ • Lunge: CO_2-Abatmung ↑ • Herz, Leber, Niere: Verstoffwechslung des vermehrt anfallenden Lactats

7.3 Arbeits- und Leistungsphysiologie

!

Grenzen der Leistungsfähigkeit

Herzfrequenz

Erholungspulssumme

Leistungsbegrenzende Faktoren

Herzfrequenz

- **Arbeit bis zur Dauerleistungsgrenze:** Herzfrequenz steigt und bleibt dann bis zur Beendigung der Arbeit auf einem konstanten Niveau **(steady state)**, das von der Belastung abhängt.
- **Überschreiten der Dauerleistungsgrenze:** Herzfrequenz steigt kontinuierlich ohne Plateaueinstellung **(Ermüdungsanstieg)** bis auf ca. (220 – Lebensalter)/min.

Erholungspulssumme

- Bei Arbeiten unterhalb der Dauerleistungsgrenze erreicht die Herzfrequenz innerhalb von 5 Minuten ihren Ruhewert (60–80/s).
- Anzahl der Herzschläge bis zum Erreichen der Ruhefrequenz (Erholungspulssumme) = Maß für den Grad der Beanspruchung

Leistungsbegrenzende Faktoren

☞ Wichtigster leistungsbegrenzender Faktor bei dynamischer Arbeit ist das **maximal erreichbare Herzminutenvolumen** (nicht das Atemminutenvolumen!).

- weitere physiologische Faktoren:
  - Einfluss zirkadianer Rhythmen (Tageszeit, Schichtarbeit, Jetlag)
  - äußere Faktoren (Arbeit in großer Höhe, in großer Hitze, in den Tropen)
  - psychisch-mentale Faktoren (→ psychische vs. physische Ermüdung)
- pathologische Faktoren: z. B. Störungen der Herz- und Lungenfunktion, Anämien

7.3 Arbeits- und Leistungsphysiologie

Dauerleistungsgrenze

Merkmale von Arbeit unterhalb der Dauerleistungsgrenze

Typischer Wert für die Dauerleistungsgrenze

Merkmale von Arbeit unterhalb der Dauerleistungsgrenze

- Herzfrequenz bleibt auf Plateau, Puls < 130 min^{-1}
- Herzminutenvolumen < 10 l
- O_2-Aufnahme konstant, O_2-Schuld < 4 l
- Lactat < 2 mmol/l
- Erholungszeit < 5 min
- Erholungspulssumme < 100

Typischer Wert für die Dauerleistungsgrenze

1,5 W/kg KG (junger, untrainierter Mann)

7.3 Arbeits- und Leistungsphysiologie

Kraft- und Ausdauertraining

Trainingspensum

Ausdauertraining

Krafttraining

Trainingspensum

- Trainingseffekt abhängig von **Dauer** und **Intensität** des Trainings
- erzielte Leistung steigt zunächst schnell, dann langsam und erreicht dann ein Plateau **(Grenzleistung)** → weitere Leistungssteigerung nur durch Intensivierung des Trainings

Ausdauertraining

- notwendig: 3–5-mal wöchentliche Belastung von 15–60 min, die eine Steigerung der Herzfrequenz auf 60–90 % des Maximalwerts bewirkt.
- Trainingseffekte:
  - Hypertrophie des Herzens ⇒ **Schlagvolumen** ↑ (bis ca. 100 %)
  - **Ruheherzfrequenz** ↓, maximale Herzfrequenz unverändert
  - maximales Herzzeitvolumen ↑ ⇒ O_2-Transportkapazität ↑
  - Atemzeitvolumen bei Belastung ↑ ⇒ O_2-Aufnahme ↑
  - Kapillarisierung des Muskels ↑ ⇒ Durchblutung ↑ ⇒ O_2-Versorgung ↑

Krafttraining

- optimal: 3–5-mal tägliche Kontraktion der betreffenden Muskelgruppe mit Maximalkraft für 2–3 s, bei halber Muskelkraft für 15–20 s
- Trainingseffekte:
  - **Hypertrophie** → Muskelquerschnitt ↑ ⇒ Muskelkraft ↑ (bei optimalem Training nach 20 Wochen um ca. 100 %)
  - keine wesentliche Veränderung im Kapillarisierungsgrad

8 Wasser- und Elektrolythaushalt, Nierenfunktion 118

8.1 Wasser- und Elektrolythaushalt !

Wasserhaushalt

Wasserbestand

Verteilungsräume

Bestimmung der Flüssigkeitsvolumina

Wasserbilanz

Wasseranteil in Prozent des Gesamtkörpergewichts

	Männer	Frauen
Jüngere Erwachsene	65	55
Ältere Erwachsene	55	45

Bestimmung der Flüssigkeitsvolumina

- Applikation einer geeigneten Indikatorsubstanz für den zu bestimmenden Verteilungsraum
- Verteilungsvolumen (V) = $Menge_{appliziert}/Konzentration_{Plasma}$

Tägliche Wasserbilanz eines Erwachsenen (Durchschnittswerte)

Wasserzufuhr	(l)	Wasserverlust	(l)
Trinkmenge	1,0	Urin	1,0
Wasser in der Nahrung	0,7	Fäzes	0,1
Nahrungsabbau (Oxidationswasser)	0,3	Perspiratio insensibilis	0,9
Bilanzsumme	2,0	**Bilanzsumme**	2,0

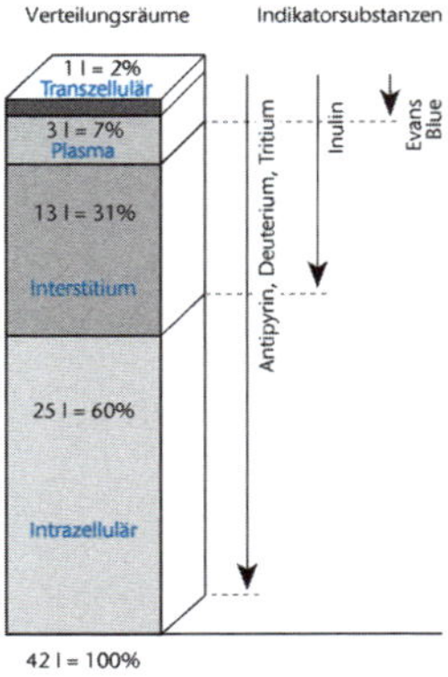

Abb. 8.1: Wasserbestand eines Erwachsenen in den verschiedenen Verteilungsräumen (links) und geeignete Indikatorsubstanzen für deren Bestimmung (rechts) [1]

8.1 Wasser- und Elektrolythaushalt

Störungen des Wasserhaushalts

Hypertone Dehydratation

Hypertone Hyperhydratation

Hypotone Dehydratation

Hypotone Hyperhydratation

Isotone Dehydratation

Isotone Hyperhydratation

Störungen	Ursachen	Osm.	EZV	IZV
Hypertone Dehydratation	Verlust hypotoner Flüssigkeit (Schwitzen, Fieber, osmotische Diurese), Wasseraufnahme ↓	↑	↓	↓
Hypertone Hyperhydratation	Zufuhr hypertoner Flüssigkeit (Trinken von Meerwasser), Aldosteronüberschuss, NaCl-Aufnahme ↑	↑	↑	↓ / n
Hypotone Dehydratation	Verlust hypertoner Flüssigkeit (Erbrechen), Aldosteronmangel, NaCl-Aufnahme ↓	↓	↓	↑ / n
Hypotone Hyperhydratation	Zufuhr hypotoner Flüssigkeit (Trinken von Wasser geringer Osmolarität), ADH-Überfunktion, GFR ↓	↓	↓	↑
Isotone Dehydratation	Verlust isotoner Flüssigkeit (Blutung, Diarrhoe, Ergüsse in Körperhöhlen)	n	↓	n
Isotone Hyperhydratation	Zufuhr isotoner Flüssigkeit (Trinken isotonen Wassers, Infusion isotoner NaCl), Hypervolämie bei Schwangeren	n	↑	n

Osm. = Plasma-Osmolarität, EZV = extrazelluläres, IZV = intrazelluläres Volumen; n = normal

8.1 Wasser- und Elektrolythaushalt

!

Elektrolythaushalt

Störungen des Elektrolythaushalts

	Störung	Ursachen (Auswahl)	Folgen (Auswahl)
Na^+	Hyponatriämie	Aldosteronmangel, ADH-Überproduktion	hypotone De-/Hyperhydratation, Verwirrtheit, Koma
	Hypernatriämie	Diabetes insipidus, NaCl-Aufnahme ↑	hypertone De- / Hyperhydratation, Verwirrtheit, Koma
K^+	Hypokaliämie	Aldosteronüberproduktion, Diuretika, gastrointestinaler K^+-Verlust	Herzrhythmusstörungen, Muskelschwäche
	Hyperkaliämie	Aldosteronmangel, Azidose, Nierenversagen	Herzrhythmusstörungen, Muskelschwäche
Ca^{2+}	Hypokalzämie	Parathormon- oder Calcitriolmangel; Alkalose → statt H^+ wird Ca^{2+} verstärkt an Proteine gebunden (normalerweise ca. die Hälfte des Plasma-Ca^{2+} gebunden, biologisch wirksam nur freies Ca^{2+})	Tetanie, neuromuskuläre Übererregbarkeit
	Hyperkalzämie	Parathormonüberproduktion, Vit.-D_3-Überdosierung	Nierenversagen, Psychose, gastrointestinale Atonie

8.2 Funktionelle Morphologie der Niere

Nephron

Bedeutung

Glomerulus

Tubulussystem

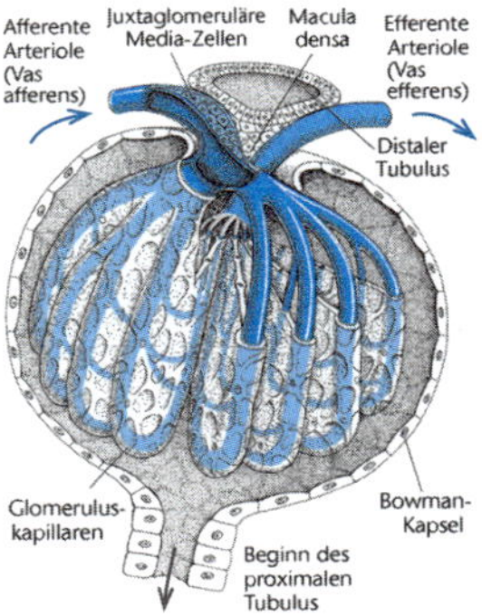

Abb. 8.2: Aufbau eines Glomerulus [1]

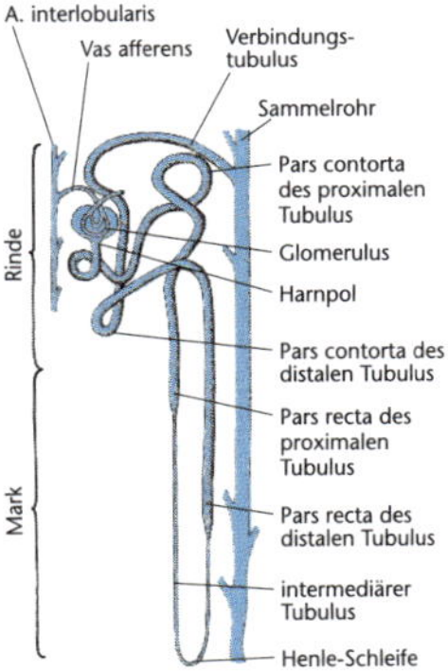

Abb. 8.3: Aufbau eines Nephrons mit den dazugehörigen Gefäßen [4]

Bedeutung
kleinste funktionelle Einheit des Nierenparenchyms

Glomerulus
- **Lage:** Nierenrinde
- **Aufgabe:** Bildung von Primärharn (Ultrafiltrat des Blutplasmas, das durch das glomeruläre Kapillarnetz fließt)

Tubulussystem
- **Lage:** durchzieht das Nierenmark
- **Aufgabe:** Bildung des Endharns aus dem Primärharn durch Resorptions- und Sekretionsprozesse
- **Proximaler Tubulus**
  - Pars convoluta (proximales Konvolut)
  - Pars recta (dicker absteigender Schleifenschenkel)
- **Intermediärer Tubulus**
  - Pars descendens (dünner absteigender Schleifenschenkel)
  - Pars ascendens (dünner aufsteigender Schleifenschenkel)
- **Distaler Tubulus**
  - Pars recta (dicker aufsteigender Schleifenschenkel)
  - Pars convoluta (distales Konvolut)
- **Sammelrohr** (wird nicht mehr zum Nephron gerechnet)

(Pars recta des proximalen Tubulus bis Pars recta des distalen Tubulus: **Henle-Schleife**)

8.2 Funktionelle Morphologie der Niere

Durchblutung der Niere

Gefäßversorgung

Renaler Blutfluss (RBF)

Gefäßversorgung

Aa. arcuatae → Aa. interlobulares → Vasa afferentia → verzweigte glomeruläre Kapillaren → Vasa efferentia → peritubuläres Kapillarnetz (Rinde und äußeres Mark) bzw. Vasa recta (inneres Mark, teilw. auch aus Aa. arcuatae)

Renaler Blutfluss (RBF)

- 1,2 l/min (ca. 20 % des Herzzeitvolumens)
- spezifische Durchblutung: 4 ml/min pro g Nierengewebe
- 92 % des RBF entfallen auf die Nierenrinde (Glomeruli!)

8.3 Glomeruläre Filtration

Glomeruläre Filtrationsrate (GFR)

Normalwert

Beeinflussende Faktoren

Filtrationsgleichgewicht

Normalwert

- 180 l Primärharn pro Tag (= 125 ml/min)
- Mehr als 99 % werden später bei der Tubuluspassage wieder rückresorbiert.

Beeinflussende Faktoren

$GFR = P_{eff} \times F \times L = P_{eff} \times K_F$

(1) **Effektiver Filtrationsdruck $P_{eff} = P_{glo} - \pi_{glo} - P_{bow}$**
P_{glo} = hydrostatischer Druck in den Glomeruluskapillaren
π_{glo} = onkotischer (kolloidosmotischer) Druck in den Glomeruluskapillaren
P_{bow} = hydrostatischer Druck in der Bowman-Kapsel
Der onkotische Druck in der Bowman-Kapsel kann beim Gesunden vernachlässigt werden (Primärharn fast proteinfrei $\Longrightarrow$ $\pi_{bow} = 0$).

(2) **Filtrationsfläche F × Leitfähigkeit L = Filtrationskoeffizient K_F**
Leitfähigkeit L: Durchlässigkeit des Filters

Filtrationsgleichgewicht

- am Anfang der Glomeruluskapillaren: $P_{eff} = 10$ mmHg
- Im Verlauf der Glomeruluskapillaren steigt der onkotische Druck, der der Filtration entgegenwirkt, immer mehr an, da proteinfreie Flüssigkeit abfiltriert wird (Proteinkonzentration in den Glomeruluskapillaren ↑), bis am Ende der Kapillaren die Filtration zum Erliegen kommt ($P_{eff} = 0$).

8.3 Glomeruläre Filtration

Konstanthaltung der Glomerulusdurchblutung

Myogene Autoregulation

Tubuloglomeruläre Rückkopplung

Lokaler Renin-Angiotension-Mechanismus

Myogene Autoregulation

- Blutdruck ↑ ⟹ Vasokonstriktion im Vas afferens **(Bayliss-Effekt)** ⟹ Perfusionsdruck in den nachfolgenden Glomeruluskapillaren bleibt konstant (50 mmHg) ⟹ GFR bleibt konstant
- systolische Drücke 75–190 mmHg: GFR weitgehend konstant
- starker Abfall des systolischen Drucks (z. B. auf 60 mmHg): GFR ↓ ↓ (akutes Nierenversagen)

Tubuloglomeruläre Rückkopplung

Blutdruck in den Glomeruluskapillaren ↑ ⟹ **GFR steigt zunächst,** Flussrate in den Tubuli ↑ ⟹ NaCl-Resorption ↓ ⟹ frühdistale NaCl-Konzentration ↑; distaler Tubulus (Macula-densa-Zellen) berührt den glomerulären Gefäßpol (juxtaglomerulärer Apparat) → Vasokonstriktion im Vas afferens (unbekannter Transduktionsmechanismus) → **GFR sinkt wieder**

Lokaler Renin-Angiotensin-Mechanismus

RR ↓ → möglicherweise Stimulation von Barorezeptoren in den Vasa afferentia → Mediazellen der Vasa afferentia im Bereich des juxtaglomerulären Apparats produzieren Renin → über Zwischenschritte Bildung von Angiotension II (starker Vasokonstriktor) → RR ↑ wieder → GFR bleibt konstant

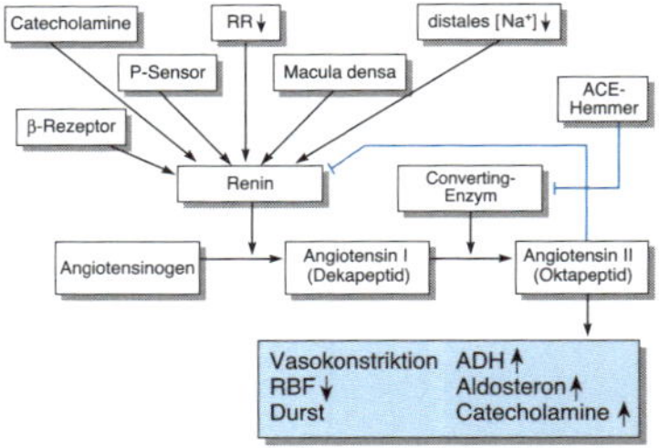

Abb. 8.4: Renin-Angiotensin-Aldosteron-System (RAAS) [3]

8.3 Glomeruläre Filtration

Glomerulusfilter

Schichten

Filtereigenschaften

Siebungskoeffizient

Schichten

(1) **Kapillarendothel:** Zurückhaltung zellulärer Bestandteile
(2) **Basalmembran** mit Netzwerk negativ geladener Proteine: Zurückhaltung von Makromolekülen > 50.000 D und stark negativ geladenen Molekülen
(3) **Podozytenschicht** mit Filtrationsschlitzen: Passage von Molekülen bis max. etwa 5 nm Radius

Filtereigenschaften

- ungehinderte Passage kleinerer Teilchen (H_2O, Na^+, Glucose, Harnstoff, Kreatinin)
- Filtrierbarkeit größerer Teilchen abhängig von Molekülradius und Ladung (elektrostatische Abstoßung negativ geladener Proteine, z. B. Albumin) ⟹ bei normaler Nierenfunktion keine Zellen und kaum Proteine im Filtrat

Glomeruläre Filtrierbarkeit ausgewählter Substanzen

Substanz	Molekulargewicht (D)	Molekülradius (nm)	Siebungskoeffizient (1 = vollständig filtrierbar; 0 = vollständig zurückgehalten)
Wasser	18	0,10	1
Glucose	180	0,36	1
Inulin	5.500	1,48	0,98
Albumin	69.900	3,55	< 0,01

8.4 Tubuläre Transportprozesse

Proximaler Tubulus I

- Aufgabe
- Na^+-Resorption
- HCO_3^--Resorption
- Ca^{2+}-Resorption

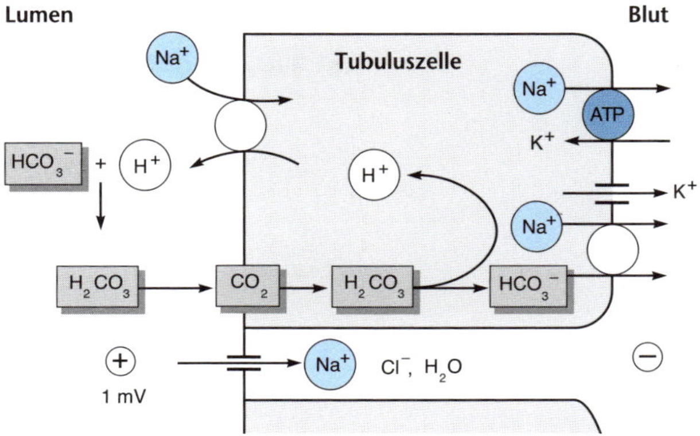

Abb. 8.5: Kopplung von Bicarbonat-Resorption, Natrium-Resorption und Protonen-Sekretion im proximalen Tubulus [3]

Aufgabe

Hauptanteil an der Rückresorption: isoosmotische Resorption großer Substanzmengen, da Epithel vom durchlässigen Typ („leaky")

Na^+-Resorption

Na^+-K^+-ATPase baut Na^+-Konzentrationsgradienten auf, der vom Tubuluslumen in die Zelle gerichtet ist ⟹ Na^+-Resorption erfolgt:

- sekundär aktiv (z. B. Na^+-H^+-Antiport, Na^+-Glucose-Symport)
- parazellulär (Na^+ folgt Cl^-)
- über Solvent drag

HCO_3^--Resorption

an Na^+-Resorption und H^+-Sekretion gekoppelt:

- Ausschleusung von H^+ (Na^+-H^+-Antiport) → Carboanhydrase im Tubuluslumen bildet CO_2 aus H^+ und HCO_3^-
- CO_2 diffundiert in die Zelle → dort wieder Bildung von HCO_3^- durch zytoplasmatische Carboanhydrase
- Transport von HCO_3^- ins Interstitium über Na^+-HCO_3^--Symport

Ca^{2+}-Resorption

Triebkraft:

- Konzentrationsgradient
- Solvent drag
- lumenpositives transepitheliales Potential durch Na^+- und Cl^--Resorption

8.4 Tubuläre Transportprozesse

! ! !

Proximaler Tubulus II

Phosphat-Resorption

Glucose-Resorption

Aminosäuren- und Peptid-Resorption

Harnsäure-Resorption

Sekretion

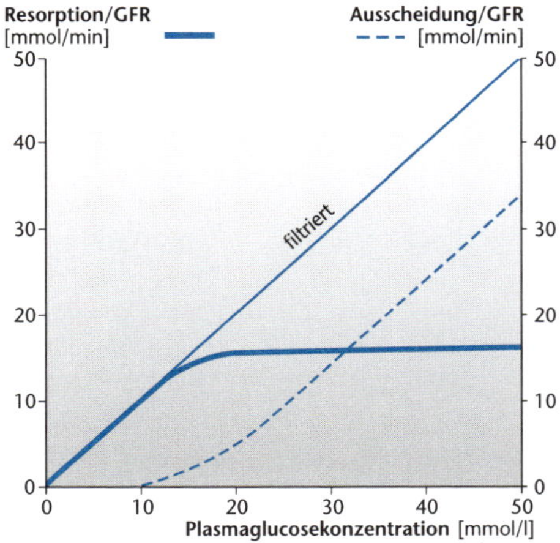

Überschreiten der Schwelle für Rückresorption (180–200 mg/dl = 10 mmol/l), z. B. bei Diabetes mellitus, führt zu Glucosurie und osmotischer Diurese („Glucose nimmt Wasser mit“)

Abb. 8.6: Resorption von Glucose und Glucose-Konzentration im Harn bei steigender Plasmakonzentration [3]

Phosphat-Resorption

- sekundär aktiv (Na^+-Phosphat-Symport)
- Parathormon und Calcitonin ⟹ Phosphat-Rückresorption ↑
- Phosphat-Plasmakonzentration ↑ ⟹ Phosphat-Rückresorption ↓
  Calcitriol ⟹ Phosphat-Rückresorption ↓ (geringfügig)

Glucose-Resorption

- normalerweise 100 % Rückresorption Na^+-Glukose-Symporter = SGLT1 und SGLT2)
- Weitertransport aus der Tubulusepithelzelle ins Interstitium über erleichterte Diffusion (basolateraler Glucose-Transporter GLUT-2)

Aminosäuren- und Peptid-Resorption

- über Na^+-Aminosäure-Symporter für neutrale und anionische Aminosäuren, Aminosäuren-Austauscher für kationische Aminosäuren
- Die geringe Menge an Proteinen und Peptiden wird im Tubuluslumen enzymatisch zu Di- und Tripeptiden abgebaut und über einen H^+-Cotransport oder Endozytose (v. a. Albumin) resorbiert.

Harnsäure-Resorption

90 % Netto-Resorption, um ein Ausfallen der gering wasserlöslichen Harnsäure bei pH-Abfall im Tubuluslumen zu verhindern (vgl. Hyperurikämie)

Sekretion

Sekretion von organischen Anionen und Kationen (z. B. Medikamente, Fremdstoffe, Adrenalin, Acetylcholin) ins Lumen des spätproximalen Tubulus über wenig spezifische Transporter

8.4 Tubuläre Transportprozesse

Henle-Schleife

- Aufgabe
- Elektrolytresorption
- Gegenstrommechanismus

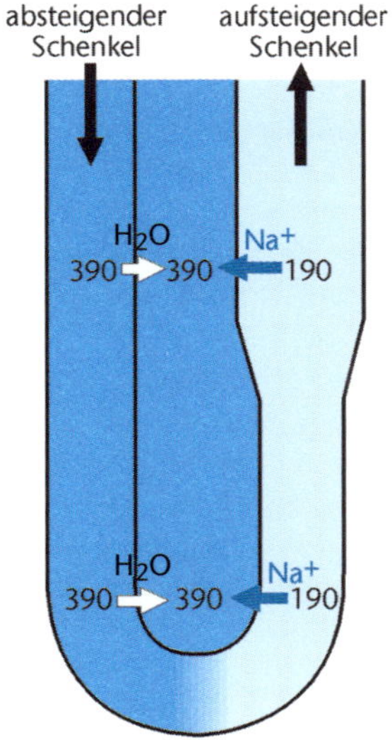

Abb. 8.7: Gegenstrommechanismus der Henle-Schleife [1]

Aufgabe

Konzentrierung des ankommenden isoosmotischen Filtrats aus dem proximalen Tubulus (noch ca. 35 % des ursprünglichen Ultrafiltrats)

Elektrolytresorption

- **Absteigender Schenkel**
  - mengenmäßig geringere Resorption als im proximalen Tubulus mit annähernd gleichen Mechanismen
- **Dicker aufsteigender Schenkel**
  - Na^+-K^+-$2Cl^-$-Kotransporter, Epithel wasserundurchlässig (keine Aquaporine) ⟹ Zurückbleiben eines hypotonen Harns (100 mosm/l)
  - 50–60 % des Mg^{2+} im Ultrafiltrat werden hier parazellulär resorbiert, umso mehr, je positiver das Lumen gegenüber dem Interstitium ist.
- **Schleifendiuretika** (Furosemid, Lasix®) hemmen den Na^+-K^+-$2Cl^-$-Kotransporter ⟹ Na^+-, K^+-, H_2O-, Mg^{2+}- und Ca^{2+}-Ausscheidung ↑

Gegenstrommechanismus

(1) Da der aufsteigende Schenkel („Verdünnungssegment") wasserundurchlässig ist, aber Elektrolyte resorbiert werden, wird dort das Lumen hypoton, das Interstitium hyperton.

(2) Aus osmotischen Gründen strömt aus dem ankommenden isoosmotischen Filtrat des proximalen Tubulus bei der Passage des wasserdurchlässigen absteigenden Schenkels Wasser ins hypertone Interstitium ⟹ Harn wird zum Umkehrpunkt der Henle-Schleife zunehmend hyperton und damit konzentriert (bis 1.400 mosm/l).

8.4 Tubuläre Transportprozesse ! ! !

Distaler Tubulus

Aufgabe

Aldosteronwirkungen

Amilorid

Parathormon- und Calcitriolwirkungen

Aufgabe
Neben Wasserrückresorption und damit Harnkonzentrierung Feineinstellung der Elektrolyte im Harn; Resorption mengenmäßig geringer als im proximalen Tubulus, aber auch gegen größere Gradienten möglich ⟹ Angriffsort vieler Hormone, die den Elektrolythaushalt regeln

Aldosteronwirkungen
- Na^+-, Cl^-- und H_2O-Ausscheidung ↓, K^+- und H^+-Ausscheidung ↑
- Mechanismen:
  - Einbau epithelialer Na^+-Kanäle (ENaC) in die apikale Membran ⟹ Erhöhung der Membranpermeabilität für Na^+ ⟹ Na^+-Einstrom ↑
  - Membraneinbau von Na^+-K^+-ATPase
  - Aktivitätssteigerung im Na^+-H^+-Antiport ⟹ Erhöhung der Membranpermeabilität für K^+ durch intrazelluläre Alkalose
  - lumennegatives Potential durch Na^+-Resorption → K^+-Ausstrom ↑
- Hyperaldosteronismus führt u. a. zu Hypokaliämie, Hypernatriämie und metabolischer Alkalose.

Amilorid
Amilorid blockiert selektiv die ENaC und ist damit ein kaliumsparendes Diuretikum.

Parathormon- und Calcitriolwirkungen
Ca^{2+}-Resorption ↑ (distaler Tubulus)

8.4 Tubuläre Transportprozesse

! ! !

Sammelrohr

Aufgabe

ADH-Wirkungen

Diabetes insipidus

Aufgabe

Bedarfsgerechte Harnkonzentrierung durch ADH-gesteuerte Wasserresorption

ADH-Wirkungen

- ADH bindet an basolaterale V_2-Rezeptoren der Hauptzellen des Sammelrohrs → cAMP-vermittelte Translokation von Aquaporin 2 (Kanalprotein) aus intrazellulären Vesikeln in die normalerweise wasserundurchlässige apikale Membran (Epithel vom „tight"-Typ) → H_2O-Resorption ↑ → Harn wird zunehmend hyperton (konzentriert)
- Osmorezeptoren im Hypothalamus messen die Osmolarität des Blutes → bedarfsgerechte ADH-Ausschüttung in der Neurohypophyse:
  - Dehydratation → ADH ↑ → Antidiurese
  - Hyperhydratation → ADH ↓ → Wasserdiurese

Diabetes insipidus

Ausscheidung eines hypotonen Harns (bis 25 l/Tag); Ursachen:

- verminderte ADH-Sekretion (= zentraler Diabetes insipidus)
- genetischer Defekt der Aquaporin-Proteine oder des ADH-Rezeptors (= renaler Diabetes insipidus)

8.4 Tubuläre Transportprozesse

! ! !

Harnkonzentrierung

Endharnkonzentration

Mechanismen der Harnkonzentrierung

Harnstoffkreislauf

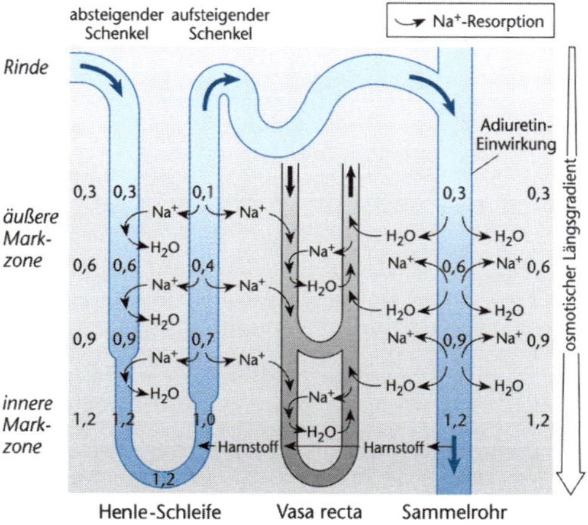

Abb. 8.8: Harnkonzentrierung während der Tubuluspassage im Gegenstromprinzip (Antidiurese) [7]

Endharn-konzentration

- maximale Wasserdiurese: 50 mosm/l
- maximale Antidiurese: 1.200 mosm/l (Blutplasma: 300 mosm/l)

Mechanismen der Harnkonzentrierung

- Na^+- und Cl^--Resorption im dicken aufsteigenden Schenkel der Henle-Schleife
- geringe Durchblutung des Nierenmarks (Vasa recta) → Aufrechterhaltung der Hyperosmolarität im Nierenmark (Bluthochdruck ⟹ Wasser- und Elektrolytausscheidung ↑)
- ADH-regulierte Wasserresorption im Sammelrohr
- Harnstoffkreislauf

Harnstoffkreislauf

Der dünne aufsteigende Schenkel der Henle-Schleife ist wasserpermeabel, trotzdem findet eine Harnkonzentrierung statt:

- Diffusion von Harnstoff aus dem unteren Sammelrohr ins Interstitium (über Urea-1) (besonders bei Antidiurese), Aufnahme in den dünnen Teil der Henle-Schleife (über Urea-2), Rezirkulation über den distalen Tubulus zurück zum Sammelrohr
- konstant hohe Harnstoffkonzentration im Nierenmark ⟹ osmotischer Wasserausstrom aus den dünnen Schleifenteilen → Konzentrierungseffekt

8.4 Tubuläre Transportprozesse

!!!

Säuren- und Basenausscheidung

pH-Bereich des Endharns

Protonenelimination

pH-Bereich des Endharns

- Normal: pH 5,8 (4,8–7,5)
- Maximal: pH 3,5 (bei Azidose) bis 8,2 (bei Alkalose)

Protonen-elimination

- < 1 % Ausscheidung von ungepuffertem freiem H^+
  - Sammelrohr: H^+-K^+-ATPase (Schalt-/Zwischenzellen Typ A)
- 30–50 % Ausscheidung als titrierbare Säuren
  - proximaler Tubulus: Na^+-H^+-Antiporter
  - Puffer: Phophat, Citrat, Urat (⟹ ausgeschiedene Säuremenge erst durch Titration mit NaOH feststellbar)
- 40–60 % Ausscheidung als NH_4^+
  - Glutaminase spaltet intrazellulär aus Glutamin NH_4^+ ab, das zu NH_3 und H^+ dissoziiert
  - NH_3 diffundiert ins Lumen, H^+ über Na^+-H^+-Antiporter ins Lumen → Verbindung zu NH_4^+, das nicht in die Zelle zurückgelangen kann und ausgeschieden wird

8.4 Tubuläre Transportprozesse

! ! !

Renale Kompensation bei Störungen des Säure-Basen-Haushalts

Zentrale Mechanismen

Respiratorische Alkalose

Respiratorische Azidose

Metabolische Alkalose

Metabolische Azidose

Zentrale Mechanismen
- H^+-Elimination
- HCO_3^--Rückresorption

Respiratorische Alkalose
CO_2 im Blut ↓ ⟹ CO_2 in der Tubuluszelle ↓ ⟹ Bildung von H^+ und HCO_3^- (Carboanhydrase) ↓ ⟹ H^+-Sekretion ↓, HCO_3^--Ausscheidung ↑ (an H^+-Sekretion gekoppelt!)

Respiratorische Azidose
CO_2 im Blut ↑ ⟹ CO_2 in der Tubuluszelle ↑ ⟹ Bildung von H^+ und HCO_3^- (Carboanhydrase) ↑ ⟹ H^+-Sekretion ↑, HCO_3^--Ausscheidung ↓ (an H^+-Sekretion gekoppelt!)

Metabolische Alkalose
HCO_3^- im Blut ↑ ⟹ glomerulär filtriertes HCO_3^- ↑ ⟹ HCO_3^- verbleibt im Tubulus (Transportmaximum von 28 mmol/l überschritten) ⟹ HCO_3^--Ausscheidung ↑

Metabolische Azidose
HCO_3^- im Blut ↓ ⟹ glomerulär filtriertes HCO_3^- ↓ ⟹ Rückresorption von fast 100 % des filtrierten HCO_3^-, gleichzeitig H^+-Sekretion ↑

8.5 Diagnostik der Nierenfunktion

Clearance-Verfahren: Bestimmung der GFR

Clearance-Begriff

Allgemeine Clearance-Formel

Bestimmung der GFR

Clearance-Begriff

Clearance = Volumen Blutplasma, das pro Minute durch die Niere von einer bestimmten Substanz vollständig befreit bzw. „geklärt" wird

Allgemeine Clearance-Formel

$\mathbf{C_x = U_x \times \dot{V} / P_x}$

C_x = Clearance der Substanz X (ml/min)

U_x = Urinkonzentration der Substanz X (mg/dl)

$\dot{V}$ = Harnzeitvolumen (ml/min)

P_x = Plasmakonzentration der Substanz X (mg/dl)

Bestimmung der GFR

- Zur Bestimmung der GFR benötigt man die Clearance eines Stoffes, der zwar glomerulär vollständig filtriert, aber weder tubulär resorbiert noch sezerniert wird.
- Geeignete Substanzen: Inulin, Kreatinin (nur mit Einschränkung, da Kreatinin geringgradig sezerniert wird)
- Der einzige beeinflussende Faktor der Inulin-Clearance ist die GFR: $\mathbf{GFR = C_{Inulin} = U_{Inulin} \times \dot{V} / P_{Inulin}}$

☞ Bei akutem Nierenversagen ist die GFR drastisch vermindert.

8.5 Diagnostik der Nierenfunktion

Clearance-Verfahren: Bestimmung von RPF und RBF

Renaler Plasmafluss (RPF)

Renaler Blutfluss (RBF)

Renaler Plasmafluss (RPF)

- Der renale Plasmafluss entspricht der Clearance einer Substanz, die glomerulär flitriert und tubulär sezerniert, aber nicht rückresorbiert wird.
- Bei der verwendeten Substanz Paraaminohippursäure (PAH) entspricht die PAH-Clearance nicht exakt dem RPF, da die PAH-Extraktion (E_{PAH}) aus dem Plasma nicht vollständig ist und schwanken kann (meist ca. 92%):
  $E_{PAH} = (PAH_a - PAH_v) / PAH_a$
  PAH_a = PAH-Konzentration im arteriellen Blut
  PAH_v = PAH-Konzentration im venösen Blut
- nach Berücksichtigung von E_{PAH}:
  $RPF = C_{PAH}/E_{PAH}$
- Referenzwert: 650 ml/min

Renaler Blutfluss (RBF)

- RBF = RPF / (1 – Hämatokrit)
- Referenzwert: 1.200 ml/min

8.5 Diagnostik der Nierenfunktion

Clearance-Verfahren: Bestimmung von FF und FA

Filtrationsfraktion (FF)

Fraktionelle Ausscheidung (FA)

Filtrationsfraktion (FF) Die Filtrationsfraktion gibt an, welcher Anteil des die Niere passierenden Blutplasmas (RPF) glomerulär filtriert wird:
$FF = GFR/RPF = C_{Inulin}/C_{PAH}$
Referenzwert: 20 %

Fraktionelle Ausscheidung (FA) Die fraktionelle Ausscheidung einer Substanz ist das Verhältnis der im Urin ausgeschiedenen zu der vorher glomerulär filtrierten Menge:
$FA_x = V \times U_x \ / \ GFR \times P_x$
Bei Substanzen, die vollständig filtriert, aber weder resorbiert noch sezerniert werden (z. B. Inulin), ist die fraktionelle Ausscheidung 1.

9.1 Grundlagen

Klassifizierung der Hormone

Einteilung nach der chemischen Struktur

Rezeptortypen

Prinzip der Regelkreise

Einteilung nach der chemischen Struktur

- **Steroide**, z. B. Androgene, Östrogene, Gluko- und Mineralokortikoide etc.
- **Peptide**, z. B. TRH, ADH, ACTH, LH, FSH, TSH, GnRH, CRH, Insulin etc.
- **biogene Amine**, z. B. Thyroxin, Triiodthyronin, Adrenalin, Dopamin etc.
- **Arachidonsäure-Derivate**, z. B. Thromboxane, Prostaglandine, Prostacycline

Rezeptortypen

Die Zellen des Erfolgsorgans weisen, je nach Hormontypus, in die Zellmembran integrierte oder im Zytoplasma lokalisierte Rezeptoren auf.

- Peptidhormone vermitteln ihre Informationen über **membranständige Rezeptoren**, die
  - intrazelluläre Signalkaskaden auslösen,
  - Teile von Ionenkanäle sind oder
  - enzymgekoppelt sind (z. B. Insulinrezeptor besitzt Tyrosinkinaseaktivität → RAS-Kaskade bzw. PIP_3-Kaskade)
- Steroide und Schilddrüsenhormone (lipophil) binden an **intrazelluläre Rezeptoren**

Prinzip der Regelkreise

spezifische Rangordnung, Regulation über negative Rückkopplung (Ausnahme Östrogene), z. B.: **Releasinghormon** (Hypothalamus) → **glandotropes Hormon** (Hypophyse) → **glanduläres** Hormon (endokrine Drüse) → hemmende Wirkung auf Hypothalamus und Hypophyse

9.2 Hypothalamus und Hypophyse

!!

Hypothalamus

Funktionen

Funktionen

- Der **Hypothalamus** steuert und kontrolliert zentral essentielle Lebensfunktionen, u. a. Wachstum, Homöostase, höhere Hirnfunktionen
- Produktion von **Releasinghormonen** (RH)
- Produktion von ADH und Oxytocin, die in die Neurohypophyse transportiert und dort bis zu ihrer Freisetzung gespeichert werden.

9.2 Hypothalamus und Hypophyse

Hypothalamische Hormone

CRH

TRH

GnRH

GHRH

SIH

ADH

OT

PIF

Hormon	Abkürzung	Zielort	Wirkungsweise
Corticotropin-RH	CRH	Adenohypophyse	ACTH ↑
Thyreotropin-RH	TRH	Adenohypophyse	TSH ↑, Prolaktin ↑
Gonadotropin-RH	GnRH	Adenohypophyse	LH ↑, FSH ↑
Growth-Hormone-RH	GHRH	Adenohypophyse	STH ↑
Somatostatin	SIH (GH-RIH)	zahlreiche hormonproduzierende Gewebe	STH ↓, TSH ↓, ACTH ↓, Insulin ↓, Gastrin ↓, CCK ↓, Glukagon ↓
Adiuretin	ADH	Niere	Renale Wasserrückresorption ↑
Oxytocin	OT	Uterus, Mamma	Kontraktion der Uterusmuskulatur ↑, Milchejektion
Dopamin	PIF (prolactin inhibiting factor)	Adenohypophyse	Prolaktin ↓

9.2 Hypothalamus und Hypophyse

Hypophyse

Aufbau und Funktionen

Aufbau und Funktionen

Die Hypophyse ist ein wichtiges Steuerorgan des endokrinen Systems. Das 0,6 g schwere, dem Hypothalamus nachgeordnete Organ liegt in der Fossa hypophysialis.

Aufbau:

- Vorderlappen **(Adenohypophyse)**, Bildungsort der meisten Hypophysen-Hormone (↗ Karte 141)
- Hinterlappen **(Neurohypophyse).** Hier werden die im Hypothalamus produzierten Hormone ADH und Oxytocin gespeichert.
  - Vasopressin (ADH), steigert die Wasserrückresorption in den Sammelrohren
  - Oxytocin (OT), dient der Kontraktion des Uterus (Wehen) sowie dem Auspressen der Milch aus der Mamille

9.2 Hypothalamus und Hypophyse

Hormone der Adenohypophyse

ACTH

TSH

FSH

LH

PRL

STH

MSH

Hormon	Abkürzung	Zielort	Wirkungsweise
Adrenocorticotropes Hormon	ACTH	NNR	Glukokortikoide ↑, Androgene der Nebenniere ↑
Thyreoidea-stimulierendes Hormon (Thyreotropin)	TSH	Schilddrüse	T_3 ↑, T_4 ↑, Iodaufnahme ↑, Wachstum der Schilddrüse ↑
Follikel-stimulierendes Hormon (Follitropin)	FSH	Ovar, Testes	Frau: Follikelreifung, Östrogene ↑ Mann: Spermatogenese ↑
Luteinisierendes Hormon (Lutropin)	LH	Ovar, Testes	Frau: Ovulation, Progesteron ↑ Mann: Testosteron ↑
Prolaktin	PRL	Mamma	Laktation ↑
Wachstumshormon (Somatotropin)	STH (GH)	zahlreiche Gewebe	Wachstum ↑, Insulin-like growth factor (IGF-1) ↑, Energiebereitstellung ↑
Melanozyten-stimulierendes Hormon	MSH	Haut	Pigmentierung der Melanozyten

9.3 Glanduläre Hormone

! ! !

Schilddrüsenhormone

Funktionen

Bildung

Thyroxin und Triiodthyronin

Funktionen

- **Erhöhung des Grundumsatzes** (O_2-Verbrauch ↑, Substratumsatz ↑)
- Erhöhung der Blutglucosekonzentration
- Gluconeogenese ↑ (Induktion der Schrittmacher), Glykogenabbau ↑
- Fettsäuresynthese ↑ **und (!)** Lipolyse ↑
- Cholesterinsynthese ↑ **und (!)** Cholesterinspiegel ↓
- Induktion des Wachstumhormons (STH) u.v.m.

Bildung

Über das hypophysäre **Thyreotropin** (TSH) wird vermehrt Iod in die Schilddrüsenfollikel aufgenommen sowie die Synthese von Thyreoglobulin, **Thyroxin (T_4)** und **Triiodthyronin (T_3)** gefördert. Reguliert wird über **negatives Feedback.**

Thyroxin (T_4) und Triiodthyronin (T_3)

- T_3 und T_4 haben das gleiche Wirkungsspektrum.
- Triiodthyronin ist deutlich biologisch aktiver als Thyroxin, Thyroxin gilt deswegen auch als Vorstufe (Prohormon).
- T_3 entsteht hauptsächlich durch Deiodierung von T_4 im peripheren Gewebe.
- Transport im Blut: T_3 und T_4 binden mit hoher Affinität an **T**hyroxin-**B**indendes **G**lobulin (TBG).
- Nur freies Schilddrüsenhormon (ca. 10 %) ist aktiv.

9.3 Glanduläre Hormone

! ! !

Hormone der Nebennierenrinde

Mineralokortikoide

Glukokortikoide

Sexualhormone

Mineralokortikoide

- Bildungsort: **Zona glomerulosa**
- Der wichtigste Vertreter ist **Aldosteron.** Seine Ausschüttung wird über den Renin-Angiotensin-Aldosteron-Mechanismus reguliert.
- Wirkung: Rückresorption von Na^+, Cl^- und H_2O ↑, Sekretion von K^+ und H^+ ↑ ⟹ Blutdruck ↑

Glukokortikoide

- Bildungsort: **Zona fasciculata**
- Der wichtigste Vertreter ist **Cortisol.**
- Wirkungen:
  - Förderung von Gluconeogenese, hormonsensitiver Lipase und Abbau von Muskelprotein ⟹ Stabilisierung des Blutglucosespiegels im Hungerzustand
  - entzündungshemmend und immunsuppressiv
  - wichtigstes Stresshormon

Sexualhormone

- Bildungsort: **Zona reticularis**
- in geringem Maße Progesteronbildung, vornehmlich Androgenbildung
- Androgenwirkung: Ausprägung sekundärer Geschlechtsmerkmale (Scham- und Achselbehaarung) v. a. bei der Frau, beim Mann überwiegt die Androgenproduktion in den Testes.

9.3 Glanduläre Hormone

!!!

Hormone des Nebennierenmarks

Katecholaminwirkungen

Noradrenalin

Adrenalin

Katecholaminwirkungen

Die zirkulierenden **Katecholamine** bereiten den Organismus auf anstehende Stresssituationen und erhöhte Leistungsanforderungen vor durch:

- **Bereitstellen von Energiequellen** durch Stimulation von Gluconeogenese, Glykogenabbau, Fettmobilisierung, Reduktion von Insulinausschüttung und Glykolyse
- **Leistungssteigerung** vieler Organe (z. B. Herz, Skelettmuskel, Lunge)

Wirkungen von Adrenalin und Noradrenalin

Funktion	Adrenalin	Noradrenalin	Rezeptor
Vasokonstriktion	+	+	α_1
Herzfrequenz ↑, Kontraktilität ↑	+	+	β_1
Vasodilatation im Skelettmuskel	+	–	β_2
Stimulierung der Lipolyse	+	+	β_3
Dilatation der Koronararterien	+	–	β_2
Bronchodilatation	+	–	β_2

9.3 Glanduläre Hormone

! ! !

Hormone des Calciumhaushalts

Parathormon

Calcitonin

1,25-Dihydroxycholecalciferol

Wirkung der drei Regulatorhormone

	Parathormon	Calcitonin	Dihydroxycholecalciferol
Niere	Phosphatausscheidung ↑, Calciumausscheidung ↓	Calciumausscheidung ↑	Calciumausscheidung ↓
Knochen	Calciumfreisetzung ↑ (Osteoklasten)	Calcium-Einbau ↑ Calcium-Freisetzung ↓	Calciumfreisetzung ↑ (Osteoklasten)
Dünndarm	Calciumresorption ↑	–	Calciumresorption ↑

Parathormon

Freisetzung aus der Nebenschilddrüse bei niedrigen Plasmacalciumkonzentrationen ⟹ Plasmacalciumspiegel ↑

Calcitonin

Bildung in den C-Zellen der Schilddrüse, Freisetzung bei erhöhten Plasmacalciumkonzentrationen ⟹ Plasmacalciumspiegel ↓

1,25-Dihydroxycholecalciferol

1,25-Dihydroxycholecalciferol (Calcitriol, Vit. D_3) entsteht aus Vorstufen u.a. durch UV-Bestrahlung und Hydroxylierungsprozesse in Leber und Niere. Parathormon fördert seine Bildung. Seine Wirkungen sind vergleichbar mit denen des Parathormons.

9.3 Glanduläre Hormone

! ! !

Hormone der Bauchspeicheldrüse

- Insulin
- Glukagon
- Somatostatin

Insulin

Bildung in den β-**Zellen** (B-Zellen) des endokrinen Pankreas aus Proinsulin nach Abspaltung des C-Peptids → Stimulierung **anaboler** Stoffwechselvorgänge (Transport und Einbau der Substrate in die Depots):

- Glykolyse ↑, Glykogensynthese ↑, Gluconeogenese ↓
- Lipidbiosynthese ↑, Lipolyse ↓, Proteinbiosynthese ↑
  ⇒ Blutglucosespiegel ↓

☞ Die C-Peptid-Konzentration in Plasma ist äquimolar zur Insulinmenge im Körper.

Insulinausschüttung: BZ-Spiegel ↑ → Glukoseaufnahme in b-Zelle ↑ → ATP-Bildung ↑ → Hemmung von K^+-Kanälen durch ATP → Depolarisation → Öffnung spannungsabhängiger Ca^{2+}-Kanäle → Exozytose von Insulin.

Glukagon

Bildung in den α-**Zellen** (A-Zellen) der Langerhans'schen Inselzellen → Stimulierung **kataboler** Stoffwechselvorgänge (Insulin-Antagonist): Gluconeogenese ↑, Glykogenolyse ↑, Lipolyse ↑, Proteinabbau ↑
⇒ Blutglucosespiegel ↑

Somatostatin

Bildung im Hypothalamus und in den δ-**Zellen** (D-Zellen) des Pankreas
⇒ Freisetzung von Insulin und Glukagon ↓

9.4 Sexualhormone

!!!

Menstruationszyklus

Wichtige Hormone

Zyklusphasen

Schleimhautveränderungen

Wichtige Hormone

- **FSH** stimuliert Follikelwachstum und Östrogenproduktion im Ovar
- **LH**-Anstieg („LH-Peak") ⟹ Ovulation
- **Östrogene** werden in den Granulosazellen des wachsenden Follikels produziert und hemmen über negative Rückkopplung die FSH- und LH-Freisetzung (Funktionsweise der „Pille").
- **Progesteron** wird im Corpus luteum produziert, erhöht die Körpertemperatur und bereitet das Endometrium auf eine mögliche Implantation vor. Progesteron ↓ ⟹ Menstruation

Zyklusphasen

Phasen des weiblichen Zyklus:

- **Follikelphase**
- **Ovulation**
- **Lutealphase**
- **Menstruation**

Schleimhaut-veränderungen

Veränderung der Endometriumschleimhaut im Verlauf des Ovarialzyklus:

- **Proliferationsphase**
- **Sekretionsphase**
- **Desquamationsphase**

9.4 Sexualhormone

Menstruationszyklus

Zyklische Veränderungen der Hormonspiegel, des Endometriums und der Körpertemperatur

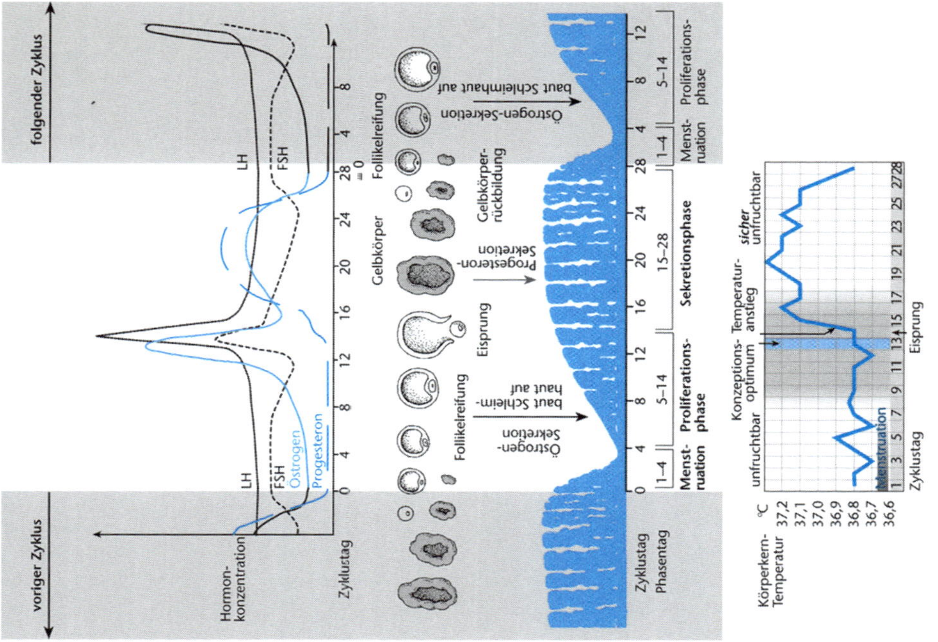

Abb. 9.1: Zyklische Veränderungen der Hormonspiegel, des Endometriums und der Körpertemperatur [1]

9.4 Sexualhormone

Männliche Sexualhormone

Hodenfunktionen

Testosteron

Spermatogenese

Hodenfunktionen

- Endokrine Wirkung durch Produktion von **Testosteron**
- Ort der **Spermatogenese** (in den Tubuli seminiferi)

Testosteron

LH aus der Adenohypophyse (↗ Karte 141) stimuliert die Testosteronproduktion in den **Leydig-Zellen**. Funktionen und Aufgaben:

- Ausprägung primärer und sekundärer männlicher Geschlechtsmerkmale
- Förderung der Spermatogenese
- Knochenaufbau ↑, Proteinaufbau ↑, Erythropoese ↑, (Hämatokrit ↑), Stickstoffausscheidung ↓
- psychosoziale Wirkungen

Spermatogenese

- von Testosteron und FSH induziert
- Spermatogenese setzt mit der Pupertät ein
- **Sertolizellen** besitzen FSH-Rezeptoren. Sie kontrollieren und stimulieren die mitotische und meiotische Teilung und Differenzierung der Spermatiden.

9.5 Gravidität

Schwangerschaft und Laktation

Choriongonadotropin (hCG)

Humanes plazentares Laktogen (hPL)

Plazentahormone

Milchproduktion

Choriongonadotropin (hCG)

- Bildung während der Nidation durch den Synzytiotrophoblasten, Wirkspektrum vergleichbar mit dem des LH
- Stimulierung des Gelbkörpers ⟹ **Progesteronproduktion** ↑
- als Schwangerschaftsnachweis verwendet (Urintest)

Humanes plazentares Laktogen (hPL)

- **Insulinantagonist** ⟹ mütterlicher Blutzucker ↑, Lipolyse ↑
- stimuliert die Entwicklung der mütterlichen Brustdrüse

Plazentahormone

Ab dem zweiten Schwangerschaftsmonat übernimmt die Plazenta die Produktion von **Progesteron** (aus Cholesterin) und es werden große Mengen **Östrogen** (speziell Östriol) synthetisiert.

Milchproduktion

- hPL fördert schon vor der Geburt das Wachstum des Brustdrüsengewebes.
- Die Milchsekretion erfolgt postpartal u. a. durch den Abfall der Plazentahormone (Östrogen und Progesteron).
- **Prolaktin** stimuliert die **Milchbildung** während der Stillzeit und unterdrückt die Wiederaufnahme des Ovarialzyklus.
- **Oxytocin** bewirkt durch Kontraktion der Milchgänge das **Auspressen** der Milch.

9.6 Sonstige Hormone

Sonstige Hormone I

- Histamin
- Serotonin (5-HT)
- Prostaglandine
- Erythropoetin

Histamin

- **Histamin aus Mastzellen** wird bei allergischen Reaktionen freigesetzt. Wirkungen:
  - Vasodilatation (Blutdruck ↓), ⟹ Risiko: allergischer Schock
  - Bronchokonstriktion ⟹ Risiko: Dyspnoe, Asthma
  - Gefäßpermeabilität ↑ ⟹ Risiko: Ödeme
- **Histamin aus ECL-Zellen** (Gastrointestinaltrakt) stimuliert die Gastrinfreisetzung und damit die Säureproduktion im Magen.

Serotonin (5-HT)

- Vorkommen: Thrombozyten, EC-Zellen, Neurotransmitter im ZNS
- bewirkt als Gewebshormon u. a. Vasodilatation (Haut), Vasokonstriktion (Lunge), Steigerung der Darmmotilität

Prostaglandine

- Bildung aus Arachidonsäure
- parakrine oder autokrine Wirkung, mit Entzündungsreaktionen korreliert

Erythropoetin

- Bildung hauptsächlich in der Niere, teils auch in der Leber
- steigert die **Erythropoese**

9.6 Sonstige Hormone

Sonstige Hormone II

Atriales natriuretisches Peptid (ANP)

Kinine

Leptin

Atriales natriuretisches Peptid (ANP)

- Bildung bei erhöhter Volumenbelastung in den Herzvorhöfen
- Wirkung in der Niere: fördert die Ausscheidung von Na^+ und damit die Wasserdiurese (⟹ Blutdruck ↓)

Kinine

- Oligopeptide, zählen zu den Gewebshormonen
- Freisetzung aus Kininogen durch die Protease Kallikrein
- Wirkungen: u. a. Vasodilatation, Kontraktion und Relaxation glatter Muskulatur
- Hauptvertreter: Bradykinin

Leptin

- Bildungsort: Fettzellen
- Wirkung: Appetit- und Gewichtsregulation im Zielorgan Hypothalamus

10.1 Reiz und Erregung

Aktionspotential des Nervs I

Grundlagen

Na^+-System

K^+-System

Membranleitfähigkeit

Grundlagen Spezifische Reize bewirken in Nervenzellen eine **Depolarisation** (= positivierende Zunahme des Ruhemembranpotentials). Wird dabei das **Schwellenpotential** überschritten, kommt es zur explosiven Öffnung der **schnellen Na^+-Kanäle** ⟹ **AP** (Vorsicht: Spezialfall Photosensoren ↗ Karte 233).

Na^+-System Der reizbedingte Einstrom der schnellen Na^+-Ionen in die Zielzelle bewirkt eine steile **Aufstrichphase** und somit ein positives Membranpotential **(Overshoot).** Die Zelle ist nun **depolarisiert.** Spannungsabhängige Na^+-Kanäle können in verschiedene, stets aufeinander folgende Funktionszustände unterteilt werden:

- Kanal geschlossen, aber aktivierbar („Wartephase")
- Kanal geöffnet
- Kanal inaktiviert (nicht erregbar, refraktär)

K^+-System Um die Zelle wieder zu repolarisieren, wird die **K^+-Leitfähigkeit** erhöht, die antagonistisch zum schnellen Na^+-System wirkt. Durch den K^+-Ausstrom wird die Zelle **repolarisiert.** Der K^+-Ausstrom dauert meist länger als der Na^+-Einstrom ⟹ **hyperpolarisierende Nachpotentiale**

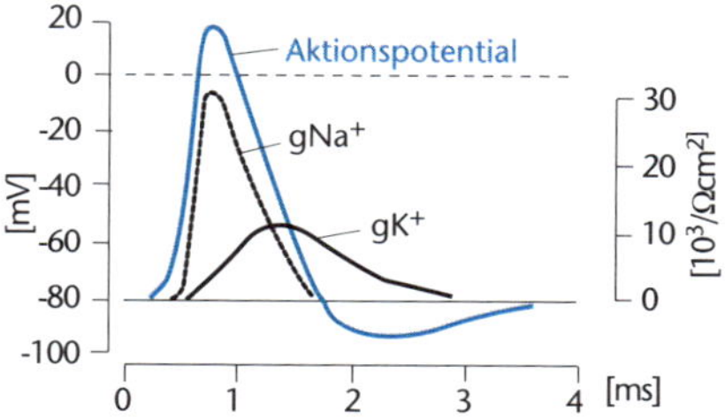

Abb. 10.1: Veränderung der Membranleitfähigkeit für Na^+ und K^+ im Verlauf eines Aktionspotentials [1]

10.1 Reiz und Erregung

Aktionspotential des Nervs II

Phasen des Aktionspotentials

Alles-oder-Nichts-Gesetz

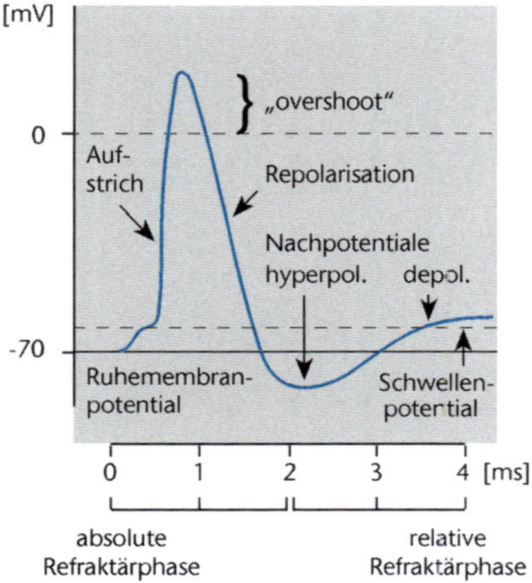

Abb. 10.2: Phasen des nervalen Aktionspotentials

☞ Ein nervales AP dauert 1–2 ms. Der Ablauf und der Kurvenverlauf sind hierbei unabhängig von der Reizstärke oder der Reizart: **Alles-oder-Nichts-Gesetz**.

10.1 Reiz und Erregung

Refraktärzeit

Absolute Refraktärphase

Relative Refraktärphase

Absolute Refraktärphase

- Unmittelbar nach dem Reiz, der das AP ausgelöst hat, ist das schnelle **Na^+-System** noch **inaktiviert** und die Zelle völlig unerregbar. Ein erneuter Reiz kann dann kein weiteres AP auslösen.
- Dauer 1–2 ms

Relative Refraktärphase

- Nach ca. 2 ms ist die gleiche Zelle wieder erregbar, allerdings nur in reduziertem Maße, da noch nicht alle Na^+-Kanäle wieder aktivierbar sind.
- Zur Auslösung eines erneuten AP in der relativen Refraktärphase benötigt man eine gesteigerte Reizintensität. Dieses AP hat dann die charakteristische Grundgestalt, jedoch eine flachere Amplitude.

10.1 Reiz und Erregung

Elektrische Reizung

Rheobase

Chronaxie

Hochfrequente Wechselstromreizung

Reizzeit-Reizstärke-Kurve

Rheobase

Durch Reizung mit elektrischem **Gleichstrom** kann man zu therapeutischen oder experimentellen Zwecken eine nervale Reizantwort erzwingen. Die **Rheobase** ist ein **Maß für die Schwellenstromstärke,** die gerade eben noch eine Antwort auslösen kann.

Chronaxie

Maß für die Reizzeit, die ein Strom mit **doppelter Rheobasenstärke** mindestens fließen muss, um gerade noch eine Antwort auszulösen. Eine Verlängerung der Reizzeit wird keine anderen Ergebnisse erbringen.

Hochfrequente Wechselstromreizung

- Bei angemessener Frequenz (Optimum bei 50 Hz) stellt jede Sinushalbwelle einen adäquaten Reiz dar.
- Eine Frequenzsteigerung erfordert eine Zunahme der Schwellenstromstärke.

Sehr hohe Frequenzen erzielen keine Antwort mehr, da die Wirkdauer zu kurz ist. Sie dienen lediglich der Gewebeerwärmung. Auch niederfrequente Ströme haben keine Wirkung.

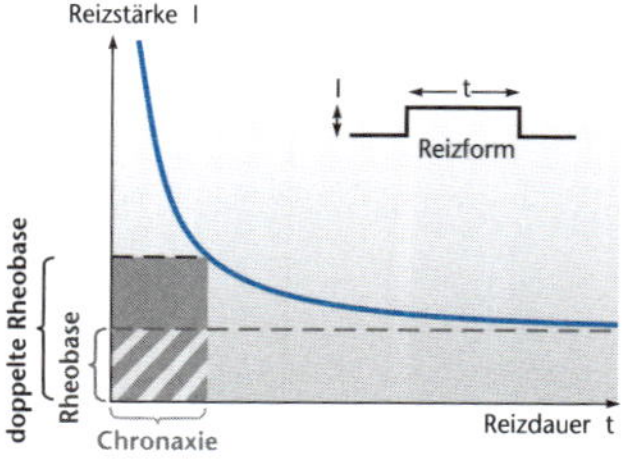

Abb. 10.3: Reizzeit-Reizstärke-Kurve eines Nerv [3]

10.2 Erregungsfortleitung in Axonen

Formen der Erregungsfortleitung in Axonen

Elektrotonische Erregungsfortleitung

Saltatorische Erregungsfortleitung

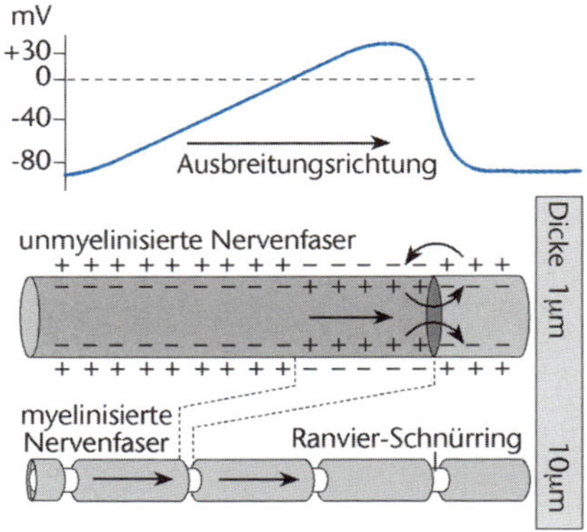

Abb. 10.4: Fortleitung des Aktionspotentials in myelinisierten und unmyelinisierten Axonen [1]

Elektrotonische Erregungsfortleitung

- Ein ankommendes AP depolarisiert einen Membranbezirk. Dadurch werden lokal spannungsabhängige Na^+-Kanäle geöffnet. Der Na^+-Einstrom bewirkt eine lokale Depolarisation, durch die sich das AP **elektrotonisch** fortpflanzt, es breitet sich also **kontinuierlich** aus.
- Typisch für die Erregungsfortleitung in **unmyelinisierten** Nervenfasern. Die Geschwindigkeit der elektrotonischen Weiterleitung ist gering (ca. 1 m/s)

Saltatorische Erregungsfortleitung

- Ein **myelinisiertes Axon** erlaubt **nur** in **internodienfreien Bereichen**, also bei den **Ranvier'schen Schnürringen**, den oben beschriebenen Mechanismus der Depolarisation. Im Bereich der Schnürringe finden sich daher die meisten spannungsabhängigen Na^+-Kanäle.
- Von einem erregten Schnürring „springt" **(saltatorische Weiterleitung)** die Erregung über das Internodium hinweg bis zum darauf folgenden Schnürring, wo nun eine Depolarisation stattfinden kann.
- Die saltatorische Erregungsleitung erreicht hohe (temperaturabhängige) Übermittlungsgeschwindigkeiten (z. B. bei 20 °C 50 m/s, bei 37 °C 100 m/s). Wichtigster Parameter für die Geschwindigkeit ist der Myelinisierungsgrad.

10.2 Erregungsfortleitung in Axonen

!

Nervenfaserparameter

Membranwiderstand

Längswiderstand

Membranlängenkonstante λ

Membranwiderstand Myelinisierungsgrad des Axons ↑ → **Membranwiderstand** ↑, **Membrankapazität** ↓ → Leitungsgeschwindigkeit ↑

Längswiderstand Axondurchmesser ↑ → **Längswiderstand** ↓ → Leitungsgeschwindigkeit ↑

Membranlängenkonstante λ

- **Entfernung** (in mm) **vom Reizort**, an welchem bei elektrotonischer Fortleitung **noch 37 % der ursprünglichen Amplitude** zu beobachten sind.
- Membranwiderstand ↑ und Membrankapazität ↓ → λ ↑

☞ Die **Leitungsgeschwindigkeit steigt** bei dicken Axonen, hohem Myelinisierungsgrad, niedrigem Längswiderstand, niedriger Membrankapazität und hohem Membranwiderstand.

10.2 Erregungsfortleitung in Axonen

Klassifikation der Nervenfasern

Erlanger/Gasser

Lloyd/Hunt

Lloyd/Hunt (nur afferent)	Erlanger/Gasser (afferent und efferent)	Leitungsgeschwindigkeit	Vorkommen
Ia	–	≤ 120 m/s	afferente Innervation der Muskelspindel
–	Aα	≤ 120 m/s	motorische Innervation der Skelettmuskulatur (α-Motoneuron)
Ib	–	75 m/s	Golgi-Sehnenorgane
II	Aβ	50 m/s	Mechanosensoren der Haut
–	Aγ	30 m/s	efferente Innervation der Muskelspindel (γ-Motoneuron)
III	Aδ	20 m/s	Leitung von hellem Schmerz und Kälte
–	B	10 m/s	sympathisch präganglionär
IV (unmyelinisiert)	C (unmyelinisiert)	1 m/s	sympathisch postganglionär, Leitung von dumpfem Schmerz und Wärme

10.2 Erregungsfortleitung in Axonen

Störungen der Erregungsfortleitung

Lokalanästhetika

Tetrodotoxin (TTX)

Entmarkungserkrankungen

Lokalanästhetika

- Kokainderivate
- Lokalanästhetika **blockieren** vorzugsweise in dünnen Fasern **reversibel** die spannungsabhängigen **Na^+-Kanäle** von der **Membraninnenseite** her und verhindern so die AP-Fortleitung und die Schmerzmeldung an das ZNS.
- Bei höherer Dosierung werden zunehmend auch dickere Fasern gehemmt, so dass es zusätzlich z. B. zu motorischen Ausfällen kommen kann.

Tetrodotoxin (TTX)

- Gift des japanischen Kugelfisches
- TTX blockiert spannungsabhängige Na^+-Kanäle (Bindung von **extrazellulär)**, führt bei Intoxikation zu sensiblen und motorischen Ausfällen, Lebensgefahr.

Entmarkungserkrankungen

- Verlust der Myelinschicht beeinträchtigt die Nervenleitung und führt zu motorischen und sensiblen Ausfällen.
- Bsp.: multiple Sklerose

10.3 Signalübertragung und -verarbeitung

Synaptische Informationsübertragung

Grundlagen

Elektrische Synapse

Chemische Synapse

Grundlagen

Die **Synapse** ist der **Kontaktbereich** zwischen zwei Nervenzellen bzw. zwischen einem Nerv und einer Sinneszelle, einer Drüse oder einem Muskel.

Elektrische Synapse

- **Connexone** (Porenstrukturen → Gap junctions) ermöglichen zwischen eng benachbarten (2 nm) Zellen einen **Ionenstrom** entlang einem **Konzentrationsgefälle.** Die Depolarisationsweiterleitung ist in zwei Richtungen möglich.
- Vorkommen z. B. im Herzmuskel und in der glatten Muskulatur

Chemische Synapse

Die Information wird über einen chemischen Mechanismus von der **präsynaptischen** Seite zur **postsynaptischen** Seite übertragen.

- Zwischen der prä- und postsynaptischen Seite liegt der **synaptische Spalt** (10–100 nm).
- **Transmitter** werden aus **präsynaptischen Vesikeln** in definierten Quanten freigesetzt (über Ca^{2+} moduliert, Mg^{2+} reduziert die Exozytose). Die Transmitter docken an **postsynaptischen Rezeptoren** an und steuern hier die Öffnungswahrscheinlichkeit spezifischer Ionenkanäle. Bsp.: Bei Bindung von ACh an den ACh-Rezeptor wird die Membranleitfähigkeit für kleine Kationen erhöht. Der inhibitorische Transmitter Glycin erhöht die Membranleitfähigkeit von Cl^-.
- Als **synaptische Latenz** (0,5 ms) bezeichnet man die Übertragungsverzögerung.
- Weiterleitung ist nur in eine Richtung möglich → **Ventilfunktion**

10.3 Signalübertragung und -verarbeitung

Rezeptortypen

Ionotrope Rezeptoren

Metabotrope Rezeptoren

Ionotrope Rezeptoren	Der Rezeptor ist gleichzeitig ein **Ionenkanal** (ligandengesteuerter Kanal)
Metabotrope Rezeptoren	Ein zwischengeschaltetes **G-Protein** bewirkt über second messenger (cAMP, IP_3) die Öffnung von Ionenkanälen (indirekt ligandengesteuerte Kanäle).

Beispiel für metabotrope und ionotrope Rezeptoren: muskarinischer und nikotinischer Acetylcholin-(ACh)-Rezeptor

	m-Cholinorezeptor	n-Cholinorezeptor
Rezeptortyp	metabotrop (über G-Protein)	ionotrop
Agonisten	ACh, Muskarin	ACh, Nikotin
Antagonisten	**Atropin**	**Curare**
Vorkommen	parasympathisch: an Synapse zwischen postganglionärem Neuron und Erfolgsorgan; **Schweißdrüsen; Mm. arrectores pilorum**	parasympathisch und sympathisch: an Synapse zwischen präganglionärem und postganglionärem Neuron; Nebennierenmark; motorische Endplatte

10.3 Signalübertragung und -verarbeitung

Chemische Überträgerstoffe (Transmitter)

Freisetzung

Wirkung

Neurotransmitter

Transmitter-freisetzung

(1) Depolarisation einer präsynaptischen Nervenendigung → **Ca^{2+}-Einstrom**
(2) Ca^{2+} vermittelt **exozytotische** Transmitter-Freisetzung aus Vesikeln
(3) Eine wiederholte Erregung des präsynaptischen Neurons hält das Ca^{2+}-Niveau hoch und dient so der **postsynaptischen Potenzierung.**

Transmitter-wirkung

Der Transmitter gelangt über den Spalt zum **postsynaptischen Rezeptor.** Hier wird die direkte oder indirekte Öffnung von Ionenkanälen reguliert.

Neurotransmitter

Bezeichnung	Vorkommen (Auswahl)
Acetylcholin	motorische Endplatte, vegetatives Nervensystem ☞ Abbau bzw. Entfernung durch **Cholinesterase** im synaptischen Spalt
Noradrenalin	postganglionär sympathisch, ☞ Entfernung durch **axonale Wiederaufnahme**
Dopamin	zentrale Neurone in Hypothalamus und Basalganglien
Serotonin	zentrale Neurone in Hypothalamus und Hirnstamm
Glutamat	zentrale Neurone in Frontalhirn, Kleinhirn, Hinterwurzeln des Rückenmarks
Glycin	inhibitorischer Transmitter auf Rückenmarksebene
GABA	supraspinaler inhibitorischer Transmitter

Neuromuskuläre Endplatte

Aufbau und Funktion

Endplattenpotential

Transmitterabbau

Aufbau und Funktion

Neuromuskuläre Endplatte: spezialisiertes **präsynaptisches** markscheidenfreies Nervenende eines Motoneurons. Hier wird **ACh** vesikulär gespeichert und abgegeben. APs des Motoneurons führen über diese Synapse zur Kontraktion der Skelettmuskulatur.

Endplattenpotential

- eintreffendes AP → Depolarisation in der Endplatte → **Exozytose** von ACh in den synaptischen Spalt (vermittelt über Ca^{2+})
- freigesetztes ACh diffundiert in die **subsynaptische** Membran (gehört zur Muskelfaser), reagiert dort mit den ACh-Rezeptoren ⇒ Depolarisation der subsynaptischen Membran **(Endplattenpotential, EPSP)**
- EPSP: +10 mV. Summierte EPPs können ein AP in der Muskelfaser und damit eine Kontraktion auslösen.

Transmitterabbau

Ende der Signalübertragung: ACh diffundiert vom Rezeptor ab, wird von dem Enzym **Cholinesterase** in Cholin und Acetat gespalten und damit inaktiviert.

☞ An der motorischen Endplatte reicht ein EPSP aus, um die Schwelle für ein AP zu erreichen.

Pathophysiologie und Gifte der neuromuskulären Synapse

Myasthenia gravis

Neostigmin

Insektizid E 605

Curare

Succinylcholin

Tetanustoxin

Botulinustoxin

Strychnin

Myasthenia gravis **Autoimmunreaktion** gegen postsynaptische ACh-Rezeptoren → Abnahme des neuromuskulären Endpotentials → Muskelschwäche und Muskellähmung

Gifte mit Wirkung auf die Muskulatur

Substanz	Angriffsort	Mechanismus
Neostigmin	motor. Endplatte	hemmt **reversibel** die Cholinesterase ⇒ ACh ↑
Insektizid E 605	motor. Endplatte	hemmt **irreversibel** die Cholinesterase
Curare („Pfeilgift")	motor. Endplatte	verdrängt kompetitiv ACh und bindet stattdessen an den Rezeptor (keine Depolarisation) ⇒ schlaffe Lähmung (Muskelrelaxans)
Succinylcholin (Suxamethonium)	motor. Endplatte	hemmt durch Dauerdepolarisation die Na^+-Kanäle ⇒ schlaffe Muskellähmung (Muskelrelaxans)
Tetanustoxin	Rückenmark	unterbindet Glycinfreisetzung an inhibitorischen Interneuronen ⇒ Muskelkrämpfe
Botulinustoxin	motor. Endplatte	unterbindet ACh-Freisetzung ⇒ schlaffe Lähmung
Strychnin	Rückenmark	verdrängt Glycin ⇒ Enthemmung der Motoneurone, Krämpfe

10.3 Signalübertragung und -verarbeitung

Postsynaptische Potentiale

Exzitatorisches postsynaptisches Potential (EPSP)

Inhibitorisches postsynaptisches Potential (IPSP)

Welche Wirkung ein Transmitter auf eine Zelle hat, hängt von der Art der Ionenkanäle und deren Rezeptoren sowie vom gegenwärtigen Membranpotential ab. Man unterscheidet zwei Sorten von synaptischen Potentialen, die sich je nach Konstellation **summieren** und damit verstärken bzw. abschwächen können:

EPSP Exzitatorisches **p**ost**s**ynaptisches **P**otential: entsteht vorwiegend durch eine **erhöhte Na^+-Leitfähigkeit** ⟹ Na^+-Einstrom ↑. Wird ein Schwellenwert überschritten, bildet sich ein AP ⟹ **Depolarisation** der Zellmembran in Richtung des Gleichgewichtspotentials für Na^+ (+ 61 mV)

IPSP Inhibitorisches **p**ost**s**ynaptisches **P**otential: entsteht durch eine **erhöhte Leitfähigkeit für Cl^- und K^+** ⟹ Cl^--Einstrom ↑ (häufiger) bzw. K^+-Ausstrom ↑ ⟹ Negativierung des zellulären Membranpotentials **(Hyperpolarisation)** und somit Inhibition einer Zellerregung.

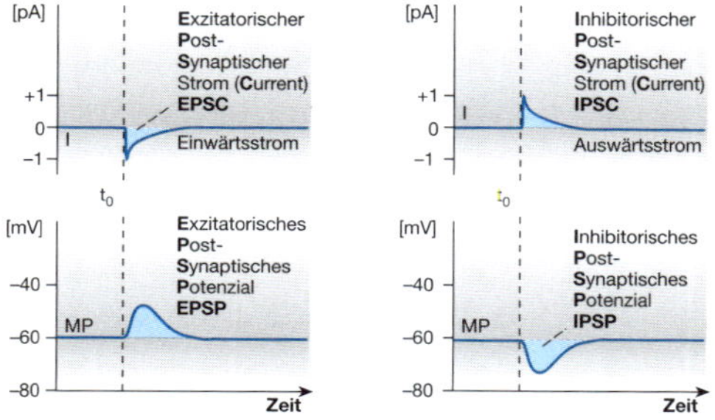

Abb. 10.5: EPSP und IPSP [3]

10.3 Signalübertragung und -verarbeitung

Synaptische Elementarmechanismen

- Bahnung
- Summation
- Okklusion
- Hemmung

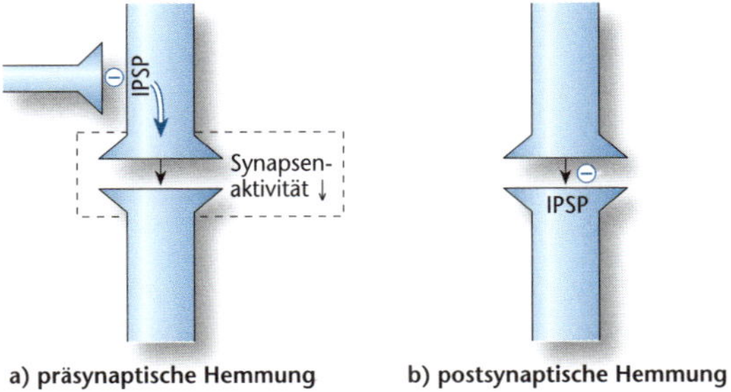

Abb. 10.6: Prä- und postsynaptische Hemmung [6]

Bahnung Hochfrequente APs können eine gesteigerte Transmitterfreisetzung pro eintreffendem AP an der Synapse auslösen (Grund: Ca^{2+}-Anreicherung an der Präsynapse). ⟹ Die **Einzelreize fördern sich gegenseitig,** es findet eine Bahnung statt.

Summation Erregende und hemmende Synapsen **summieren** sich in ihrer Antwort, steigern bzw. verringern so den Nettowert des EPSP bzw. IPSP und lösen bei Überschreitung des Schwellenwertes ein AP Richtung Erfolgsorgan aus.

- **räumliche Summation:** Zeitgleich, aber an verschiedenen Orten ausgelöste Erregungen treffen sich an einer Stelle.
- **zeitliche Summation:** Überlagerung von hochfrequenten Erregungen, die hintereinander verzögert ausgelöst wurden

Okklusion

- Gegenteil von Bahnung, die **Einzelreize behindern sich untereinander.**
- Die Nettoerregung aller eingetroffenen Reize zusammen ist kleiner als die der jeweiligen einzelnen Erregungen.

Hemmung

- **präsynaptisch:** Z. B. GABA setzt die Leitfähigkeit für Ca^{2+} und Na^{+} herab und vermindert so die präsynaptische Exozytose des eigentlichen Transmitters.
- **postsynaptisch:** Ein hemmendes Neuron kann z. B. über Glycin in der postsynaptischen Membran ein **hyperpolarisierendes inhibitorisches Potential** auslösen → Erregungsreduktion.

Sinneszellen

Grunddimensionen der Sinne

Primäre Sinneszellen

Sekundäre Sinneszellen

Funktionelle Sensortypen

Grunddimensionen der Sinne
Zeit, Raum, Qualität und Intensität

Primäre Sinneszellen
- Teil eines afferenten Neurons (Bsp.: Nozizeptoren und Geruchssensoren)
- Charakteristika: **eigene** APs, Refraktärzeiten, Axone

Sekundäre Sinneszellen
- synaptische Transmission vom Sensor auf ein nachgeschaltetes Neuron
- Vorkommen: z.B. Zapfen, Stäbchen, Haarzellen des Innenohrs, Geschmack
- Charakteristika: **keine** APs, Axone, Refraktärzeiten

Funktionelle Sensortypen
- **Proportional-Sensor** = P-Sensor: Messung der Reizintensität
- **Differential-Sensor** = D-Sensor: Messung der Geschwindigkeit der Reizänderung oder der Geschwindigkeitsänderung (Beschleunigung)
- **Proportional-Differential-Sensor** = PD-Sensor: Messung von Proportional- und Differentialeigenschaften des Reizes

Schwellenreiz und Unterschiedsschwelle

Schwellenreiz

Unterschiedsschwelle

Reizstärke und Empfindungsintensität

Weber-Fechner-Gesetz

Stevens-Potenzfunktion

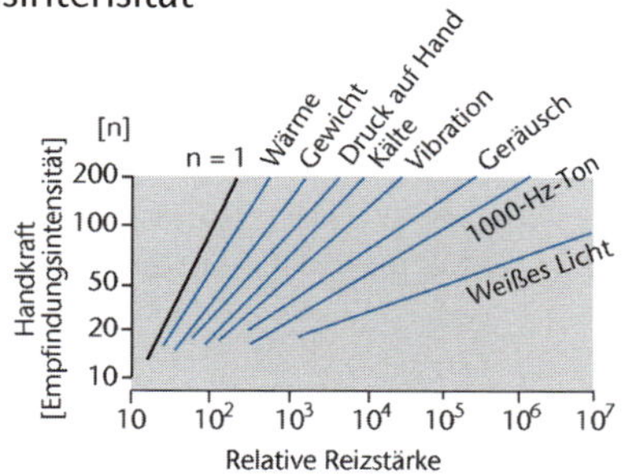

Abb. 10.7: Reizstärke und Empfindungsintensität [1]

Schwellenreiz
Maß für die **Reizstärke,** die gerade eben noch eine Empfindung oder Reaktion auslösen kann

Unterschiedsschwelle
- Maß für die **Größe der Reizänderung,** die nötig ist, um diese Reizänderung als solche zu identifizieren
- Eine hohe Unterschiedsschwelle steht für mangelndes Unterscheidungsvermögen. Es ist also ein hoher **relativer** Reizzuwachs nötig, um einen Intensitätsunterschied wahrnehmen zu können.
- **Weber-Quotient:** Die Unterschiedsschwelle $\Delta S / S_0$ ist konstant und charakteristisch für ein spezifisches Sinnessystem.

Weber-Fechner-Gesetz
Eine **lineare** Zunahme der Reizintensität (S) geht mit einem **logarithmischen** Anstieg der psychophysikalischen Empfindungsstärke (E) einher: $E = k \times \log S$

Stevens-Potenzfunktion
Da das Weber-Fechner-Gesetz nur für mittlere Intensitätsbereiche gilt, beschrieb Stevens die Abhängigkeit der Empfindungsstärke (E) von Reizstärke (S) und Reizschwelle (S_0) als Potenzfunktion: $E = k \times (S - S_0)^n$
Der Exponent n nimmt für alle Sinnesmodalitäten einen charakteristischen Wert an. Nimmt die Empfindungsstärke rascher zu als die Reizstärke, ist $n > 1$ (und umgekehrt).

Sensorpotential

- Entstehung
- Transformation
- Transduktion

Entstehung

Ein dem Rezeptor entsprechender Reiz löst in der Sensorzelle eine Potentialänderung (Depolarisation oder Hyperpolarisation) aus → **Generatorpotential** (= Sensorpotential).

Transformation

- Das lokale Generatorpotential wird proportional mit der Reizstärke größer (**Amplitudenkodierung** der Intensität) und löst bei Überschreitung des Schwellenwertes ein **AP** aus, welches im afferenten Nerv weitergeleitet wird.
- Reiz ↑ ⟹ Generatorpotential ↑ ⟹ Frequenz des AP ↑ (**Frequenzkodierung** der Intensität)

Transduktion

Weiterleitung im afferenten Nerv bis zur Synapse, hier erneut Transformation in ein chemisches, transmittervermitteltes Signal

11.1 Quergestreifte Muskulatur

! ! !

Aufbau des Skelettmuskels

Hierarchischer Aufbau des Skelettmuskels

Querstreifung

Zellulärer Aufbau

Hierarchischer Aufbau des Skelettmuskels

Einheit	Bindegewebige Umhüllung
Gesamtmuskel	Epimysium, Faszie
Faszikel (= Sekundärbündel, Fleischfasern)	Perimysium externum
Faser (= Primärbündel, Muskelzelle)	Perimysium internum, Endomysium
Fibrille (von Tubuli umgebenes Filamentbündel)	–
Filament (Aktin- und Myosinmoleküle)	–

Querstreifung kommt lichtmikroskopisch durch die regelmäßige Anordnung der Myofibrillen zustande

Zellulärer Aufbau

- Das Sarkolemm (Zellmembran) umschließt das Sarkoplasma (Zytoplasma der Muskelzelle), in dem die Myofibrillen liegen.
- Das Sarkolemm weist Einstülpungen auf (transversale Tubuli, **T-System**), die bei der elektromechanischen Kopplung von Bedeutung sind.
- Das hoch differenzierte ER dient als Ca^{2+}-Speicher und umspannt als sarkoplasmatisches Retikulum (longitudinale Tubuli, **L-System**) die Myofibrillen.

11.1 Quergestreifte Muskulatur

!!!

Das Sarkomer

Bedeutung

Aufbau

Bedeutung Funktionelle Einheit der Myofibrillen

Aufbau

- Bestandteile des Aktinfilaments:
  - **F-Aktin-Ketten** (filamentäres Aktin) bestehen aus zwei spiralförmig verdrehten perlenartigen **G-Aktin-Ketten** (globuläres Aktin).
  - **Tropomyosin** bedeckt im Ruhezustand die Myosin-Bindungsstelle.
  - **Troponin** besteht aus drei Untereinheiten mit speziellen Bindungsstellen: **Troponin I** (Aktin), **Troponin T** (Tropomyosin), **Troponin C** (Ca^{2+}).

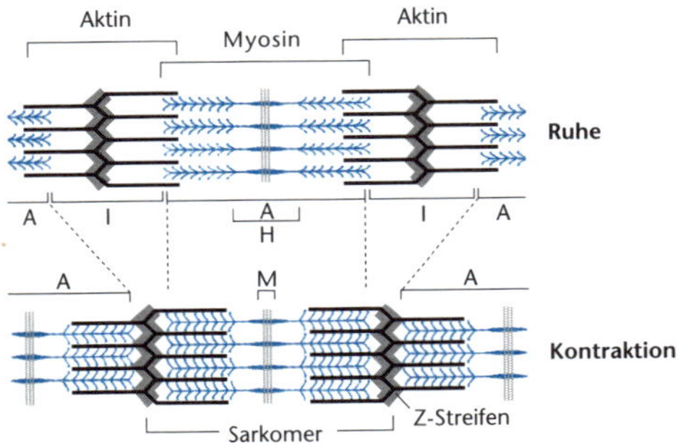

Abb. 11.1: Aufbau des Sarkomers [1]

- Weitere fibrilläre Moleküle im Sarkomer (Auswahl):
  - **α-Aktinin** stabilisiert Aktinfilamente im Z-Streifen.
  - **Tropomodulin** stabilisiert Aktinfilamente im Zentrum des Sarkomers.
  - **Titin** (= Connektin) verleiht den Myofibrillen elastische Eigenschaften.

11.1 Quergestreifte Muskulatur

! ! !

Kontraktionsauslösung

Elektromechanische Kopplung

Kontraktionsbeendigung

Elektromechanische Kopplung

Übersetzung der elektrischen Erregung in die mechanische Muskelkontraktion:

(1) Aktionspotential (AP) des innervierenden Motoneurons → Depolarisation der Endplattenmembran **(Endplattenpotential**, EPSP)

(2) Bei Überschreitung des Schwellenpotentials von ca. –45 mV: **Auslösung eines AP** außerhalb der Endplatte, Fortleitung des AP (Dauer: 1 ms) über die gesamte Faseroberfläche → Depolarisation des Sarkolemms

(3) **Spannungssensitive Dihydropyridin-empfindliche Ca^{2+}-Kanäle** in der Wand der T-Tubuli werden geöffnet → Ca^{2+}-Ionen gelangen ins Sarkoplasma und öffnen dort **Ca^{2+}-Kanäle vom Ryanodinrezeptor-Typ** in der Wand des sarkoplasmatischen Retikulums (SR) (Trigger-Effekt des Ca^{2+}).

(4) Konzentration von Ca^{2+} im SR ca. 10.000-mal höher als im Sarkoplasma → **intrazelluläre Ca^{2+}-Konzentration** ↑ (Voraussetzung für eine Kontraktion: mindestens 10^{-6} mol/l)

(5) **Anlagerung des freigesetzten Ca^{2+} an die Ca^{2+}-Bindungsstelle des Troponins C** → Konformationsänderung der Troponinmoleküle, **Freiwerden der Bindungsstelle für die Myosinköpfe am G-Aktin-Molekül** (vorher von Tropomyosin blockiert): Voraussetzung für die eigentliche Muskelkontraktion

Kontraktionsbeendigung

Bei Ausbleiben weiterer APs wird Ca^{2+} durch **Ca^{2+}-ATPasen** in die L-Tubuli (SR) aktiv zurückgepumpt.

11.1 Quergestreifte Muskulatur

! ! !

Kontraktionsablauf

Theorie der gleitenden Filamente

Querbrückenzyklus

Rigor mortis

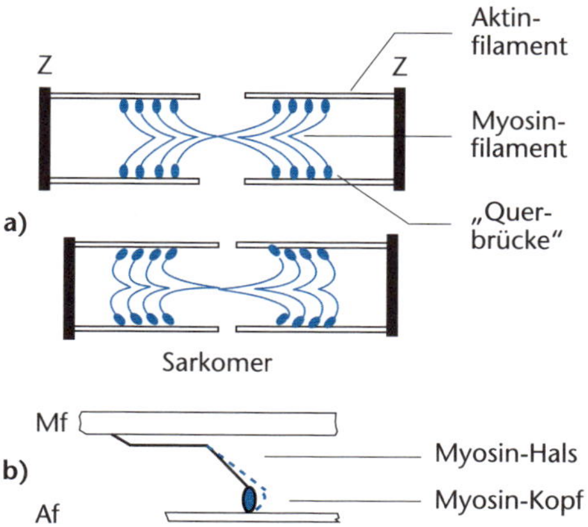

Abb. 11.2: Filamentgleitmechanismus (a) und Querbrückenbildung (b) [1]

Theorie der gleitenden Filamente

- Die einzelnen Muskelfilamente selbst ändern bei einer Kontraktion ihre Länge nicht.
- Die Filamente gleiten wie Teleskophülsen aneinander vorbei ⟹ Längenänderung des Sarkomers bzw. des Gesamtmuskels

Querbrücken-zyklus

(1) Aktivierung des Myosinkopfes durch ATP-Spaltung **(ATPase-Eigenschaft des Myosinkopfes):** „Speicherung" der Energie im Myosinkopf
(2) Bindung des aktivierten Myosinkopfes an die Bindungsstelle des Aktinfilaments **(Querbrückenbildung)** in einem Winkel von 90°
(3) **Kippung des Myosinkopfes um 45°** → **Zug des Aktinfilaments in Richtung Sarkomermitte** → Verkürzung des Sarkomers
(4) Nach Verkippung: Änderung der Konformation des Myosinkopfes, ein neues ATP-Molekül kann gebunden werden
(5) **Nach Bindung eines neuen ATP-Moleküls: Ablösung des Myosinkopfes vom Aktinfilament**
(6) Beginn eines neuen Querbrückenzyklus

Rigor mortis

Die Totenstarre kommt durch ATP-Mangel des Muskels zustande: Erst die ATP-Bindung erlaubt das Ablösen des Myosinkopfes vom Aktinfilament („Weichmacherwirkung" des ATP).

11.1 Quergestreifte Muskulatur

Steuerung der Muskelkraft

Rekrutierung motorischer Einheiten

Änderung der Aktionspotentialfrequenz

Einzelzuckung, Superposition und Tetanus

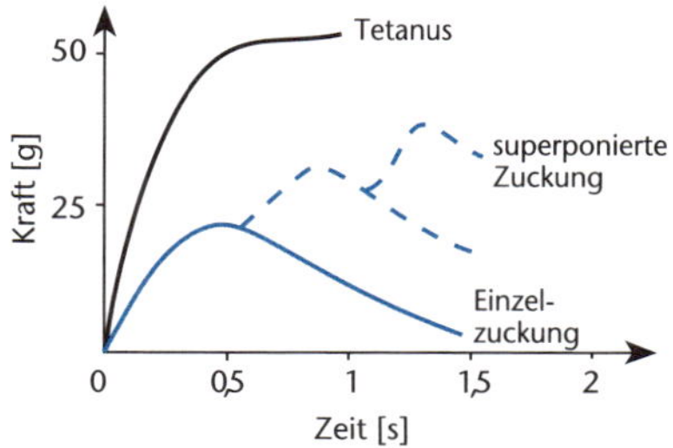

Abb. 11.3: Kraftentwicklung in Abhängigkeit von der Zeit bei Einzelzuckung, Superposition und Tetanus [1]

Rekrutierung motorischer Einheiten

- **Motorische Einheit** = Gesamtheit der Muskelfasern, die von **einem** α-Motoneuron gemeinsam innerviert werden. Zur Innervation der Einzelfasern innerhalb der motorischen Einheit spaltet sich das Motoneuron in Kollaterale (mit jeweils eigener motorischer Endplatte) auf.
- Die Steuerung der Kontraktionskraft des Gesamtmuskels erfolgt durch Ansteuerung („Rekrutierung") von mehr oder weniger motorischen Einheiten.
- Muskeln mit kleinen motorischen Einheiten erlauben eine feinere Regulation der Muskelkraft (z. B. Augenmuskeln) als Muskeln, bei denen ein α-Motoneuron viele Muskelfasern innerviert (z. B. Rückenmuskulatur).

Änderung der Aktionspotentialfrequenz

- einzelnes AP → maximale **Einzelzuckung** („Alles-oder-nichts-Regel" der Skelettmuskulatur)
- weitere APs bei noch nicht normalisiertem zytosolischem Ca^{2+}-Spiegel → mechanische **Superposition** (Überlagerung) von Einzelzuckungen.
- Bei noch höheren AP-Frequenzen verschmelzen die Einzelzuckungen **(tetanische Kontraktion)**, der Ca^{2+}-Spiegel bleibt hoch → **maximale Kraftentwicklung.**

11.1 Quergestreifte Muskulatur

!!!

Elastische Eigenschaften des Muskels

Ruhedehnungskurve

Ruhedehnungskurve

- Bei passiver Dehnung eines ruhenden Muskels steigt die Spannung, die der Muskel der Dehnung entgegensetzt (durch Titinfilamente bedingt), überproportional an. Damit steigt auch die zur Dehnung benötigte Kraft.
- Die Fähigkeit des Muskels, passivem Zug durch Dehnung nachzugeben (Elastizität), sinkt bei zunehmender Dehnung.

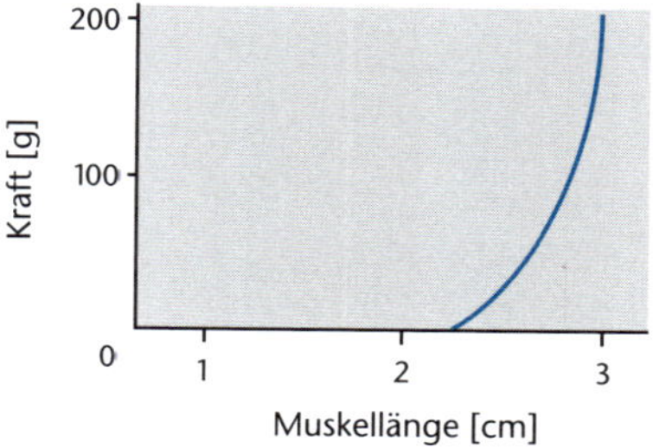

Abb. 11.4: **Ruhedehnungskurve eines Muskels [1]**

11.1 Quergestreifte Muskulatur

!!!

Kontraktionsformen I

Isometrische Kontraktion

Isometrische Kontraktion

- Wird ein an beiden Enden fixierter Muskel zur Kontraktion gereizt, verkürzt er sich nicht (Isometrie): Im Inneren des Muskels entsteht durch die Kontraktion eine Spannung, die an den Muskelenden messbar ist.
- Eine solche isometrische Kontraktion ist von verschiedenen Punkten auf der Ruhedehnungskurve auslösbar, dabei ändert sich die resultierende Muskelkraft (Spannung) in Abhängigkeit von der Vordehnung.
- Die jeweils resultierenden maximalen Kräfte ergeben die Kurve der isometrischen Maxima.
- Ein sich isometrisch kontrahierender Muskel leistet keine physikalische Arbeit (Weg = 0), die umgesetzte Energie wird als Wärme abgegeben.

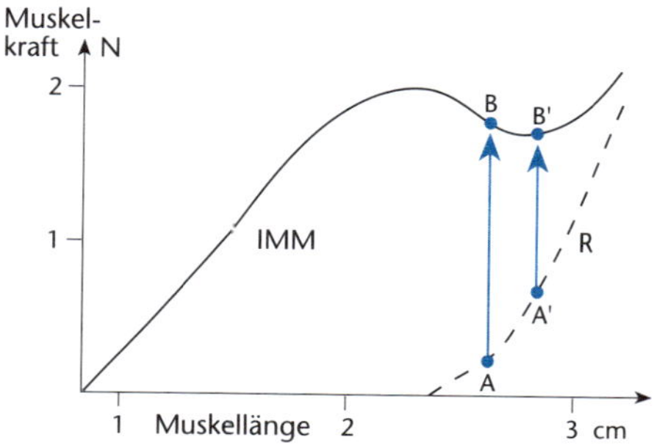

Abb. 11.5: Kurve der isometrischen Maxima (IMM) und Ruhedehnungskurve (R) [1]

Kontraktionsformen II

Beziehung zwischen Kontraktionskraft und Sarkomerlänge

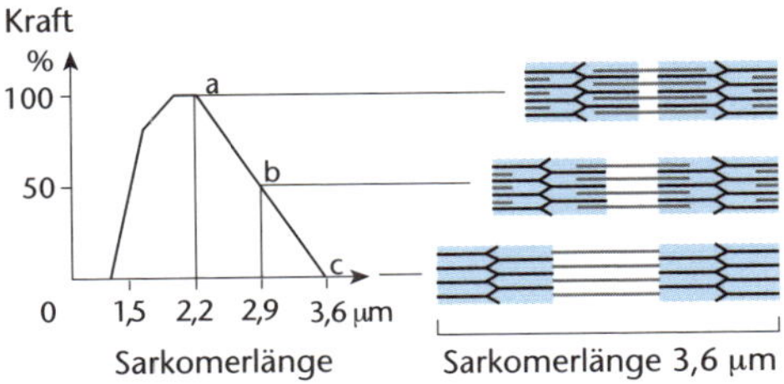

Abb. 11.6: Beziehung zwischen Sarkomerlänge, Kontraktionskraft und Filamentüberlappung [1]

Beziehung zwischen Kontraktionskraft und Sarkomerlänge

Die unterschiedliche Kraftentwicklung je nach Vordehnung beruht auf unterschiedlich günstiger Überlappung der Aktin- und Myosinfilamente.

Sarkomerlänge (µm)	Filamentkonfiguration	Kontraktionskraft
3,6	keine Überlappung von Aktin- und Myosinfilamenten	null
2,25	maximale Überlappung	maximal
2,05	Aktinfilamente beginnen sich gegenseitig zu behindern	sinkt
1,8	Aktinfilamente stoßen auf falsch polarisierte Querbrücken des Nachbar-Halbsarkomers	sinkt
1,65	Myosinfilamente stoßen an die Z-Scheiben an	sinkt
<1,3	Muskel leiste keine aktive Kraft mehr	null
1,05	Aktinfilamente stoßen an die Z-Scheiben an	null

11.1 Quergestreifte Muskulatur

!!!

Kontraktionsformen III

Isotonische Kontraktion

Isotonische Kontraktion

- Verkürzung des Muskels, während die Muskelspannung gleich bleibt (Isotonie)
- Abhängig von der Vordehnung des Muskels (Punkte auf der Ruhedehnungskurve), z. B. durch ein Gewicht am Muskelende, kann sich der Muskel unterschiedlich weit verkürzen (Hubhöhe).
- Die jeweils resultierende maximale Muskelverkürzung ergibt die Kurve der isotonischen Maxima.

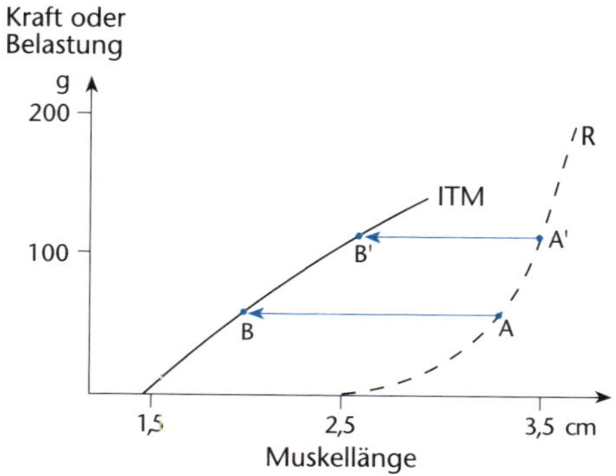

Abb. 11.7: Kurve der isotonischen Maxima (ITM) und Ruhedehnungskurve (R) [1]

11.1 Quergestreifte Muskulatur

! ! !

Kontraktionsformen IV

Unterstützungskontraktion

Anschlagskontraktion

Auxotonische Kontraktion

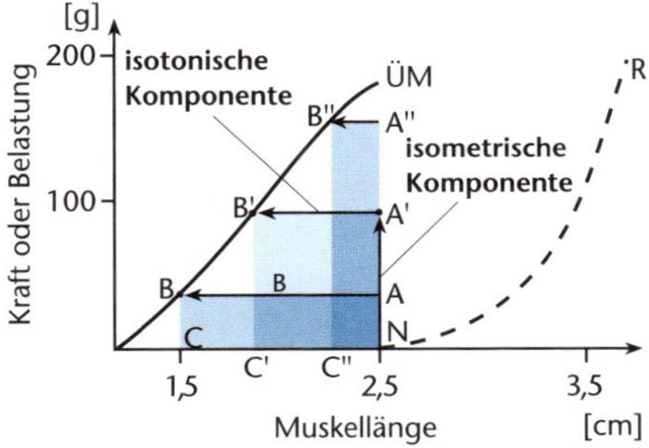

Kurve der Unterstützungsmaxima (ÜM) bei konstanter Muskellänge von 2,5 cm am Punkt N der Ruhedehnungskurve bei steigender Belastung A, A' und A", die zur jeweiligen Muskelverkürzung B, B' und B" führt. Die eingezeichneten Rechtecke entsprechen der geleisteten Arbeit (bei mittlerer Belastung am größten).

Abb. 11.8: Kurve der Unterstützungsmaxima für einen bestimmten Punkt auf der Ruhedehnungskurve [1]

Unterstützungskontraktion

- isometrische, gefolgt von einer isotonischen Kontraktion
- Bsp.: Das zu hebende Gewicht wird unterstützt (⟹ keine Vordehnung des Muskels). Der Muskel kontrahiert sich isometrisch, bis die Kraft des Gewichts erreicht ist. Dann kann er sich unter Beibehaltung der Muskelspannung verkürzen (isotonische Kontraktion) und das Gewicht hochheben.
- Die bei gleicher Muskellänge und unterschiedlicher Gewichtsbelastung resultierende maximal mögliche Unterstützungskontraktion ergibt die Kurve der Unterstützungsmaxima. Jeder Punkt der Ruhedehnungskurve besitzt somit eine eigene Kurve der Unterstützungsmaxima.

Anschlagskontraktion

- isotonische, gefolgt von einer isometrischen Kontraktion
- Bsp.: Beim Kieferschluss bewegen sich Ober- und Unterkiefer zunächst ohne Kraftentwicklung aufeinander zu (Muskelverkürzung, isotonische Kontraktion), bei Berührung der Zahnreihen folgt eine Kraftentwicklung ohne Muskelverkürzung (isometrische Kontraktion).

Auxotonische Kontraktion

- **gleichzeitige** isometrische und isotonische Kontraktion (die experimentell bestimmten isolierten Kontraktionsformen kommen in vivo praktisch nicht vor; die physiologische Kontraktion ist somit auxoton).

11.1 Quergestreifte Muskulatur

!!!

Muskelarbeit und -leistung

Muskelarbeit

Muskelleistung

Kraft-Geschwindigkeits-Relation

Wirkungsgrad

Muskelarbeit

- Muskelarbeit = Muskelkraft × Längenänderung
- Muskelarbeit ist im Kraft-Längen-Diagramm als Fläche zwischen Kraft- und Längenänderung abzulesen (↗ Abb. 11.8).
- Muskelarbeit ist bei mittlerer Belastung am größten, bei unbelasteter Verkürzung oder rein isometrischer Kontraktion gleich null.

Muskelleistung

- Muskelleistung = Muskelkraft × Verkürzungsgeschwindigkeit
- Muskelleistung ist im Kraft-Geschwindigkeits-Diagramm als Fläche zwischen Kraftänderung und Verkürzungsgeschwindigkeit abzulesen.

Wirkungsgrad

- normalerweise 20–30 %
- Die restliche Energie geht als Wärme verloren:
  - **Initialwärme:** energieverbrauchende Prozesse der Kontraktion
  - **Erholungswärme:** energieverbrauchende Erholungsprozesse (Ionenpumpen, Regeneration von ATP und anaeroben Speichern)
  - **Ruhewärmeumsatz:** Ruheumsatz des Muskels (oxidative Prozesse)

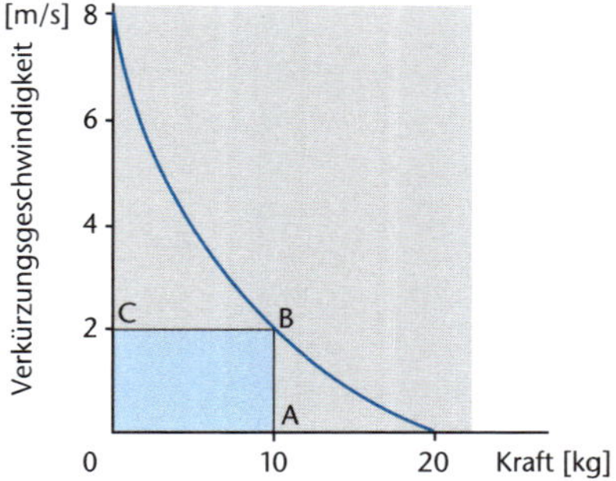

Die Verkürzungsgeschwindigkeit eines Muskels unter Belastung ist umso größer, je geringer die Last ist.

Abb. 11.9: Kraft-Geschwindigkeits-Relation [1]

11.1 Quergestreifte Muskulatur

!!!

Klassifikation von Skelettmuskelfasern

Schnelle weiße Fasern

Langsame rote Fasern

	schnelle weiße Fasern	langsame rote Fasern
Kontraktionsverhalten	phasische Muskelfasern (rasche Kontraktion)	tonische Muskelfasern (ausdauernde Kontraktion, Haltearbeit)
Ermüdung	rasch	langsam
ATPase-Aktivität des Myosinkopfes	hoch	niedrig
Stoffwechsel	hauptsächlich anaerob	hauptsächlich aerob (bei ausreichendem O_2)
Myoglobingehalt (O_2-Speicher)	niedrig	hoch ⟹ Rotfärbung
Mitochondriendichte	niedrig	hoch
Kapillarversorgung	niedrig	hoch
Glykogenvorräte	hoch	niedrig

11.1 Quergestreifte Muskulatur

! ! !

Pathophysiologie des Skelettmuskels

Zentrale Lähmung

Periphere Lähmung

Myotonien

Dystrophinopathien

Poliomyelitis

Zentrale Lähmung

Lähmungen durch Erkrankung der zentralen Motoneurone
- erhöhter Muskeltonus/spastische Lähmung
- gesteigerte Muskeleigenreflexe
- fehlende Muskelfremdreflexe

Periphere Lähmung

Lähmungen durch Erkrankung peripherer Motoneurone
- erniedrigter Muskeltonus/schlaffe Lähmung
- abgeschwächte Muskeleigenreflexe
- Muskelatrophie

Myotonien

tonischer Krampf v. a. der Extremitätenmuskulatur, möglicherweise durch Verschiebungen des K^+-Gleichgewichts an der Muskelzelle durch Mutation diverser Ionenkanalproteine

Dystrophinopathien

Mutationen im Dystrophingen; **Dystrophin** vermittelt als Protein des Zytoskeletts die Verbindung intrazellulärer kontraktiler Elemente mit Zellmembran und extrazellulärer Matrix (z. B. Duchenne-Muskeldystrophie, Becker-Muskeldystrophie).

Poliomyelitis

Epidemische spinale Kinderlähmung: Degeneration von α-Motoneuronen durch virale Infektion

Aufbau der glatten Muskulatur

Histologie

Single-Unit-Muskeltyp

Multi-Unit-Muskeltyp

Histologie

- spindelförmige Zellen (Länge 20–500 μm, Durchmesser 2–5 μm)
- keine regelmäßige Anordnung der kontraktilen Filamente, Aktinfilamente an **dense bodies** angeheftet (vergleichbar Z-Scheiben)

Single-Unit-Muskeltyp

Single-Unit-Muskelverbände kontrahieren sich auf eine Erregung zusammen und zeitgleich.

- keine individuelle nervale Versorgung der einzelnen Zellen wie beim Skelettmuskel
- elektrische Kopplung der Zellen durch Gap junctions
- **Vorkommen**: Wand der meisten Eingeweideorgane, Blutgefäße

Multi-Unit-Muskeltyp

Muskelzellen in Multi-Unit-Muskelverbänden können sich unabhängig voneinander kontrahieren.

- Versorgung durch eigenen Nervenast: keine motorischen Endplatten, Ausschüttung der Neurotransmitter in Varikositäten (muskelzellnahe Auftreibungen der Nervenfasern)
- elektrisch voneinander isoliert
- **Vorkommen:** Ziliarmuskel, Iris, Mm. arrectores pilorum

Kontraktionsauslösung

- Vegetative Innervation
- Second messenger
- Mechanische Faktoren
- Eigenrhythmus
- Metabolische Faktoren
- Hormonale Faktoren und Mediatoren

Vegetative Innervation	• dient weniger der Auslösung einer Kontraktion als der Modifikation der bestehenden automatischen Aktivität • Transmittersubstanzen (Acetylcholin, Noradrenalin) können je nach Rezeptortyp (↗ Kap. 12, Vegetatives Nervensystem) über second messenger Kontraktionen oder Relaxationen auslösen.
Second messenger	• **aktivierend:** IP_3, Ca^{2+} • **relaxierend:** cAMP, cGMP, NO
Mechanische Faktoren	Dehnung erhöht die Ca^{2+}-Konzentration im Sarkoplasma.
Eigenrhythmus	spontane autonome Kontraktionen
Metabolische Faktoren	pH, pCO_2, pO_2
Hormonale Faktoren und Mediatoren	• **aktivierend:** – Angiotensin II, Serotonin (Gefäßmuskulatur) – Oxytocin (Uterus, Brustdrüse) • **relaxierend:** – Histamin, Bradykinin (Gefäßmuskulatur) – lokales NO

Aktionspotentiale in der glatten Muskulatur

Dauer

Spike-Potentiale

Slow-wave-Potentiale

Aktionspotentiale mit Plateau

Dauer	langsame Aktionspotentiale (50 ms bis einige 1000 ms) durch langsamen Ca^{2+}-Einstrom, nicht wie bei der Skelettmuskulatur durch schnellen Na^{+}-Einstrom (1–5 ms)
Spike-Potentiale	50–100 ms (↗ Abb. 11.10 a)
Slow-wave-Potentiale	langsame Potentialschwankungen, bei Überschreitung des Schwellenpotentials → AP ⟹ rhythmische Kontraktionsabläufe (z. B. Darm) (↗ Abb. 11.10 b)
Aktionspotentiale mit Plateau	einige 100 ms bis einige 1000 ms ⟹ lang anhaltende Kontraktionen (z. B. Uterus, Ureter) (↗ Abb. 11.10 c)

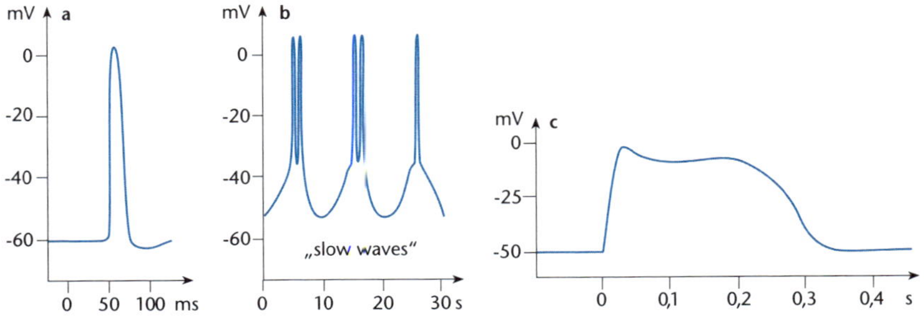

Abb. 11.10: Aktionspotentiale in der glatten Muskulatur [1]

Ca^{2+}-Signal

Ca^{2+}-Einstrom

Senkung des intrazellulären Ca^{2+}-Spiegels

Ca^{2+}-Einstrom

- Eine Erhöhung der intrazellulären Ca^{2+}-Konzentration bewirkt wie beim Skelettmuskel eine Kontraktion.
- Der Hauptkalziumvorrat liegt extrazellulär. Ca^{2+} erreicht das Zytoplasma durch Diffusion und Ca^{2+}-Kanäle, die durch Depolarisation, Hormone oder Transmitterstoffe aktiviert werden.
- Das SR ist spärlicher entwickelt als in der Skelettmuskulatur. Einige sarkoplasmatische Tubuli liegen in der Nähe der Caveoli (Membraneinstülpungen, vergleichbar dem T-System). IP_3 fördert die Ca^{2+}-Freisetzung aus dem SR.
- Latenzzeit bis zur Kontraktion (300 ms) deutlich größer als beim Skelettmuskel
- Ca^{2+} bindet an **Calmodulin** (nicht Troponin C wie beim Skelettmuskel).

Senkung des intrazellulären Ca^{2+}-Spiegels

Ca^{2+}-ATPasen (ATP-getriebene Ca^{2+}-Pumpen) und **Na^{+}-Ca^{2+}-Austauscher** befördern Ca^{2+} zurück in den Extrazellulärraum bzw. in die intrazellulären Speicher.

11.2 Glatte Muskulatur

Kontraktionsablauf

Schritte

Ca^{2+}-Sensibilisierung

Ca^{2+}-Desensibilisierung

Schritte

(1) Ca^{2+} bindet an **Calmodulin.**
(2) Der Ca^{2+}-Calmodulin-Komplex aktiviert die **Myosin-leichte-Ketten-Kinase** (MLCK).
(3) Die MLCK phosphoryliert die leichte Kette des Myosinkopfes unter ATP-Verbrauch.
(4) Kontraktion mit Querbrückenbildung (ähnlich Skelettmuskel)
(5) Die **Myosin-leichte-Ketten-Phosphatase** (MLCP) spaltet den Phosphatrest von der leichten Kette des Myosinkopfes ab und löst damit die Aktin-Myosin-Verbindung.

Ca^{2+}-Sensibilisierung Die **Rho-Kinase** hemmt die MLCP und macht damit das kontraktile System empfindlicher für Erhöhungen der Ca^{2+}-Konzentration.

Ca^{2+}-Desensibilisierung Die second messenger cAMP, cGMP und NO wirken relaxierend, indem sie Kinasen aktivieren, die wiederum die MLCP aktivieren.

11.2 Glatte Muskulatur

Besonderheiten der Kontraktion

Energieverbrauch

Verkürzungspotential

Plastizität

Energieverbrauch

- deutlich geringer als im Skelettmuskel, dadurch sind lang anhaltende ermüdungsfreie Dauerkontraktionen möglich
- Die Aufrechterhaltung einer einmal aufgebauten Kontraktionsspannung benötigt nur noch einen Bruchteil der Anfangsenergie **(Latch-Mechanismus).**

Verkürzungspotential

Der glatte Muskel kann sich deutlich stärker verkürzen als der Skelettmuskel.

Plastizität

Der glatte Muskel kann sich lang anhaltender Dehnung (z. B. Füllung eines Hohlorgans) ohne nennenswerte Druckerhöhung anpassen.

12.1 Organisation

Gliederung des vegetativen Nervensystems (VNS)

- Sympathikus
- Parasympathikus
- Enterisches Nervensystem

Sympathikus

- vermittelt leistungssteigernde Reaktionen **(ergotropes System)**
- **präganglionäre Neurone:**
  - Perikarya in der Zona intermedia der Rückenmarkssegmente C8–L3
  - Axone zum Grenzstrang (Rr. communicantes albi)
- **postganglionäre Neurone:**
  - Perikarya im Grenzstrang
  - Axone werden teilweise wieder den Spinalnerven zugeführt (Rr. communicantes grisei)
  - teilweise Umschaltung von prä- auf postganglionär auch in Becken- oder prävertebralen Ganglien

Parasympathikus

- vermittelt Erholungsreaktionen **(trophotropes System)**
- **präganglionäre Neurone:**
  - Perikarya im Hirnstamm (Kerne der Hirnnerven III, VII, IX und X)
  - Perikarya in der Zona intermedia des Sakralmarks (S2–S4)
- **postganglionäre Neurone:** Ganglien nahe Erfolgsorgan, Ggl. pelvicum

Enterisches Nervensystem

- „Darmhirn", funktioniert auch ohne zentralnervöse Einflüsse
- Perikarya im Plexus myentericus und Plexus submucosus

12.1 Organisation

Transmitter

Sympathikus

Parasympathikus

NANC

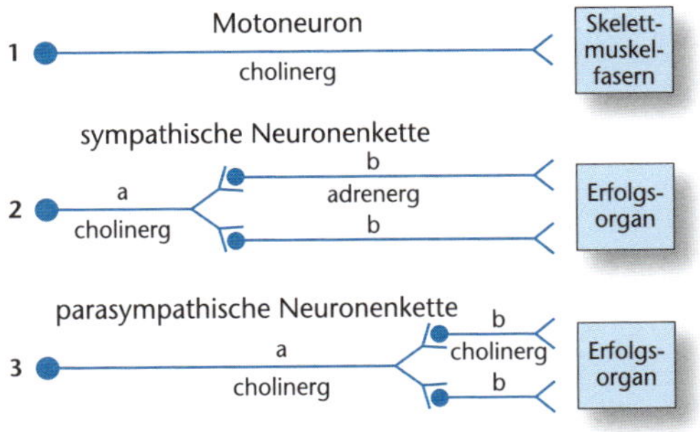

Abb. 12.1: Somatische (1) und vegetative (2, 3) Innervation [5]

Sympathikus

- prä- auf postganglionär: Acetylcholin
- postganglionär auf Erfolgsorgan: Noradrenalin
- **Ausnahmen:** Innervation aller **Schweißdrüsen** (außer Handfläche, Fußsohle, apokrine Duftdrüsen der Axilla), der **Mm. arrectores pilorum** und einiger Blutgefäße durch **postganglionäre cholinerge Fasern**.
- Beeinflussung von Organfunktionen durch Ausschüttung von Adrenalin und Noradrenalin aus den chromaffinen Zellen des Nebennierenmarks (= modifizierte postganglionäre sympathische Nervenzellen, besitzen cholinerge Synapsen mit präganglionären sympathischen Fasern).

Parasympathikus

- prä- auf postganglionär: Acetylcholin
- postganglionär auf Erfolgsorgan: Acetylcholin

NANC

nicht-adrenerge, nicht-cholinerge Übertragungsmechanismen:

- peptiderge Übertragung (VIP, vasoaktives intestinales Polypeptid)
- nitrerge Übertragung (NO)
- purinerge Übertragung (ATP)

12.1 Organisation

Cholinerge Rezeptoren

Typen

Agonisten

Antagonisten

Wirkmechanismus

Vorkommen

Charakteristika nikotinischer und muskarinischer cholinerger Rezeptoren

	Nikotinische Rezeptoren (= n-Cholinorezeptoren)	Muskarinische Rezeptoren (= m-Cholinorezeptoren)
Agonisten	Acetylcholin, Nikotin	Acetylcholin, Muscarin
Antagonisten	Curare	Atropin
Wirkmechanismus	ionotroper Rezeptor (direkte Öffnung von Ionenkanälen)	metabotroper Rezeptor (G-Protein gekoppelte, Second-messenger-vermittelte Öffnung von Ionenkanälen)
Vorkommen	vegetative Ganglien (prä- auf postganglionäre Übertragung sowohl Sympathikus als auch Parasympathikus), Skelettmuskel (neuromuskuläre Endplatte)	postganglionär parasympathisch, Schweißdrüsen, Mm. arrectores pilorum

Bei beiden Rezeptortypen führt der Einstrom kleiner Kationen nach Öffnung von Ionenkanälen zur Membrandepolarisation bzw. zu postsynaptischen Potentialen.

12.1 Organisation

Adrenerge Rezeptoren

Typen und Subtypen

Agonisten und Affinität

Wirkmechanismus

	α-Rezeptoren	β-Rezeptoren
Subtypen	α_1, α_2	β_1, β_2
Agonisten und Affinität	Noradrenalin > Adrenalin (α_1 und α_2)	Adrenalin (β_1 und β_2), Noradrenalin (β_1 sehr stark, β_2 sehr schwach)
Wirkmechanismus	• α_1: Aktivierung der Phospholipase C • α_2: cAMP ↓	• β_1: cAMP ↑ • β_2: cAMP ↑

☞ Noradrenalin aktiviert überwiegend α-Rezeptoren.

☞ Adrenalin aktiviert in niedriger (physiologischer) Dosis β-, in hoher (pharmakologischer) Dosis α-Rezeptoren.

12.1 Organisation

Präsynaptische Kontrolle der Transmitterfreisetzung

Mechanismen

Mechanismen

- **negative Rückkopplung:** Freigesetztes Noradrenalin hemmt über präsynaptische (!) α_2-Rezeptoren die eigene Freisetzung.
- **positive Rückkopplung:** Niedrige Noradrenalin-Konzentrationen oder zirkulierendes Adrenalin (NNM) fördern über präsynaptische β-Rezeptoren die Transmitterausschüttung.
- **wechselseitige Hemmung** der Transmitterfreisetzung zwischen cholinergen und adrenergen Fasern, relevant bei Organen mit sowohl sympathischer als auch parasympathischer Innervation:
  - Die präsynaptische adrenerge Endigung besitzt zusätzlich m-Cholinorezeptoren → benachbarte cholinerge Neurone können dort die Noradrenalin-Ausschüttung hemmen.
  - Die präsynaptische cholinerge Endigung besitzt zusätzlich α_2-Rezeptoren → benachbarte adrenerge Neurone können dort die Acetylcholin-Ausschüttung hemmen.

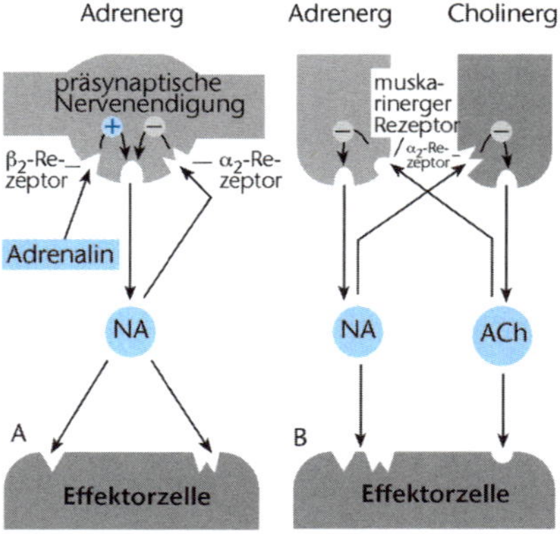

Abb. 12.2: präsynaptische Kontrolle der Transmitterfreisetzung [1]

12.1 Organisation

Pharmakologische Beeinflussung

Sympathomimetika

Sympatholytika

Parasympathomimetika

Parasympatholytika

Sympathomimetika

- **direkte Sympathomimetika**
  - Substanzen mit ähnlicher Struktur wie die natürlichen Transmitter, die direkt an den Subtypen der Adrenorezeptoren wirken können
  - Bsp.: β_2-Sympathomimetika zur Asthmabehandlung
- **indirekte Sympathomimetika**
  - Verstärkung der Transmitterausschüttung, Hemmung der Transmitterwiederaufnahme
  - Bsp.: Ephedrin (Hustensäfte, Nasentropfen), Amphetamin

Sympatholytika

Blockierung adrenerger Rezeptoren durch kompetitive Hemmung, z. B. β_1-Blocker (Metoprolol) bei Hypertonie und koronarer Herzkrankheit

Parasympathomimetika

- **direkte Parasympathomimetika**
  - Substanzen, die die Acetylcholin-Wirkung an m- oder n-Cholinorezeptoren (oder beiden) imitieren können
  - Bsp.: Pilocarpin (m-Cholinorezeptor) als Miotikum
- **indirekte Parasympathomimetika**
  - Verhinderung des Abbaus von Acetylcholin im synaptischen Spalt (Acetylcholinesterase-Hemmer)

Parasympatholytika

- Blockierung der cholinergen Rezeptoren durch kompetitive Hemmung
- Bsp.: Atropin zur Pupillenerweiterung

12.2 Funktionen

Wirkungen auf Organe I

Auge

Herz

Blutgefäße

Bronchialmuskulatur

Organ(-system)	Adrenorezeptor	Sympathikus	Parasympathikus*
Auge			
M. dilatator pupillae	α_1	Kontraktion	–
M. sphincter pupillae	–	–	Kontraktion
M. ciliaris	–	–	Kontraktion
Herz	β_1	positiv chronotrop, positiv inotrop, positiv dromotrop	negativ chronotrop, negativ inotrop, negativ dromotrop
Blutgefäße	β_2	Dilatation	–
	α_1	Konstriktion	–
Bronchialmuskulatur	β_2	Relaxation	Konstriktion

* Rezeptor parasympathisch postganglionär auf Erfolgsorgan ist immer der m-Cholinorezeptor

12.2 Funktionen

Wirkungen auf Organe II

- Intestinaltrakt
- Harnblase
- Exokrine Drüsen

Organ(-system)	Adrenorezeptor	Sympathikus	Parasympathikus
Intestinaltrakt			
Längs- und Ringmuskulatur	β_1	Tonus ↓	Tonus ↑
Sphinkteren	α_1	Kontraktion	Relaxation
Harnblase			
M. detrusor vesicae	β_2	Relaxation	Kontraktion
M. sphincter int.	α_1	Kontraktion	–
Exokrine Drüsen			
Schweißdrüsen	cholinerg	Sekretion	–
Speicheldrüsen	α_1	dickflüssiger Speichel	dünnflüssiger Speichel
Verdauungsdrüsen	–	–	Sekretion
Tränendrüse	–	–	Sekretion

12.2 Funktionen

Wirkungen auf Organe III

Leber

Skelettmuskel

Fettgewebe

Pankreas

Niere

Uterus

Organ(-system)	Adrenorezeptor	Sympathikus	Parasympathikus
Leber	β_2	Glykogenolyse, Glukoneogenese	–
Skelettmuskel	β_2	Glykogenolyse	–
Fettgewebe	β_3	Lipolyse, Ketogenese	–
Pankreas	α_2	Insulinsekretion ↓	–
Niere	β_1	Reninfreisetzung ↑	–
Uterus	β_2	Relaxation	–
	α_1	Kontraktion	–

12.2 Funktionen

Defäkation und Miktion

Defäkation

Miktion

	Defäkation	Miktion
Auslösung d. Reflexes	Dehnungsrezeptoren (Darmwand) → Sakralmark	Dehnungsrezeptoren (Blasenwand) → Sakralmark, Pons
Folge	parasymp. Efferenzen (N. pelvicus) → Relaxation M. sphincter ani int., reflekt. Tonuserh. des M. sphincter ani ext. → Stuhldrang	ab 300–500 ml Füllung → Harndrang
Kontinenz	Unterdrückung d. Stuhldrangs (deszendierende Einflüsse) → sympathische Fasern → Kontraktion M. sphincter ani int., Füllungsanpassung Rektum (max. 2 l)	Kontinenzzentrum (Pons) → sympathische Fasern (N. hypogastricus) → Erschlaffung M. detrusor vesicae, Tonuserhöhung M. sphincter urethrae int.
Bewusste Auslösung	willkürliche Erschlaffung M. sphincter ani ext. (N. pudendus), Bauchpresse; Wegfall deszendierender Hemmungseinflüsse	willk. Erschlaffung M. sphincter urethrae ext. (N. pudendus); Wegfall zentraler Hemmungsmechanismen → Reflexbogen über Miktionszentrum (Pons)
Folge	parasympathische Efferenzen (N. pelvicus) → Kontraktionen Rektum, Sigmoid	parasympathische Efferenzen (N. pelvicus) → Kontraktion M. detrusor vesicae

☞ Sympathikus: kontinenzfördernd; Parasympathikus: Auslösung von Miktion und Defäkation

12.2 Funktionen

Genitalreflexe

Mann

Frau

Mann

- **Erektion**
  - Afferenzen aus der Glans penis zum „**Erektionszentrum“ im Sakralmark** (auch psychisch beeinflusst)
  - **parasympathische Efferenzen → Dilatation von Arteriolen in den Corpora cavernosa** (NO → cGMP ↑) → Füllung der kavernösen Bluträume, Drosselung des venösen Abstroms → Erektion
  - Sekretabgabe der Gll. bulbourethrales
  - Sildenafil (Viagra®) hemmt die Phophodiesterase und damit den cGMP-Abbau
- **Emission**
  - **sympathische Efferenzen** (Thorakolumbalmark) → Kontraktion von Epididymis, Ductus deferens, Vesicula seminalis → Sektretabgabe in die Urethra
  - Tonussteigerung des M. sphincter urethrae int. → Verhinderung von Sekretrückfluss
- **Ejakulation**
  - Afferenzen aus der gedehnten Urethra über N. pudendus zum **„Ejakulationszentrum“ im Thorakolumbalmark**, dort Erregungssummation
  - **sympathische Efferenzen** zur beteiligten glatten Muskulatur, motorische Efferenzen zur beteiligten quergestreiften Muskulatur

Frau

- **Erektion** (Klitoris, Labien), parasympathisch vermittelt
- **Transsudation** (Bartholini-Drüsen), parasympathisch vermittelt
- **Orgasmus** („orgastische Manschette“, unwillkürliche Muskelkontraktionen), sympathisch vermittelt

13.1 Motorischer Kortex und Pyramidenbahn

!

Motorischer Kortex

Areale

Multiple Repräsentation

Somatotope Organisation

Areale

- **Area 4** (Gyrus praecentralis): primärer motorischer Kortex
- **Area 6**: sekundärer (supplementärer) motorischer Kortex
- Beide motorische Areale besitzen auch sensorische Projektionen (moto-sensorischer Kortex), wie auch die sensorischen Areale motorische Projektionen erhalten (senso-motorischer Kortex): **multiple Repräsentation.**

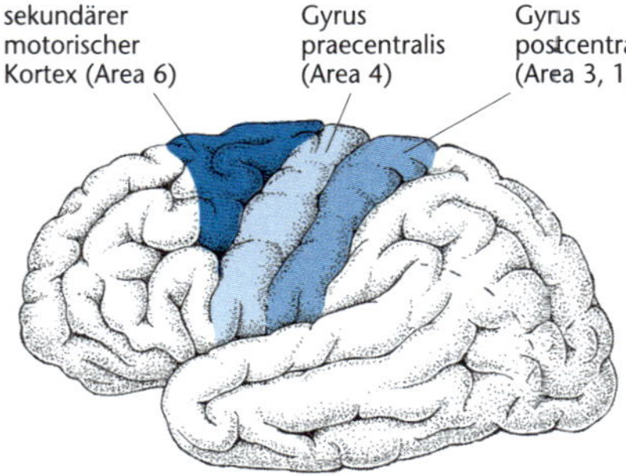

Abb. 13.1: Lage von Gyrus praecentralis (Area 4) und Gyrus postcentralis (Area 3, 1, 2, sensorische Felder). Frontal des Gyrus praecentralis liegt das sekundär motorische Rindenfeld der Area 6. [1]

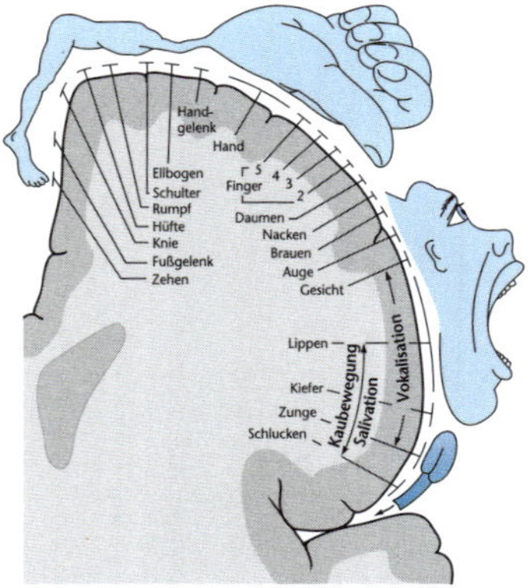

Je nach funktioneller Wichtigkeit sind die Muskelgruppen des Bewegungsapparats durch verschieden große Bereiche im Kortex (hier motorische Rindenregionen) repräsentiert.

Abb. 13.2: Somatotope Organisation („umgekehrter Homunculus") [5]

13.1 Motorischer Kortex und Pyramidenbahn

!

Willkürbewegung

Ablauf

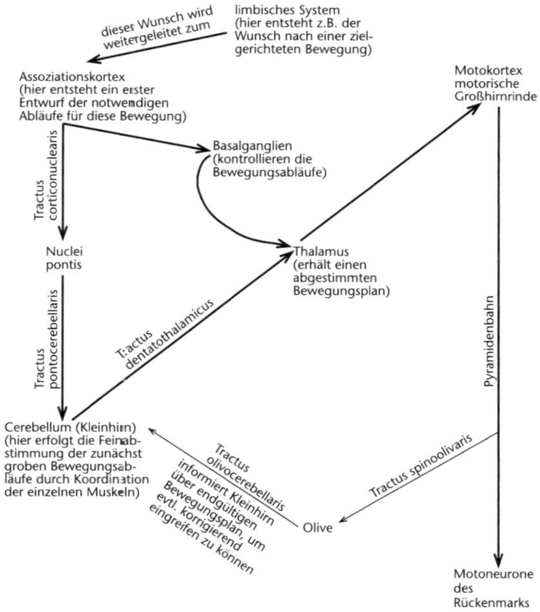

Abb. 13.3: Ablauf einer Willkürbewegung [4]

13.1 Motorischer Kortex und Pyramidenbahn

Pyramidenbahn

Ursprungsgebiete

Verlauf

Leitungsgeschwindigkeit

Ursprungsgebiete

- 30 % primärer Motorkortex (Area 4)
- 30 % sekundärer Motorkortex (Area 6)
- 40 % sensomotorischer Kortex (Area 3, 1, 2)

Verlauf

- Ursprungsgebiete → Capsula int. (Genu) → Crura cerebri → Pons → Pyramide / Pyramidenkreuzung → Rückenmark
- 75–90 % der Fasern kreuzen in der Pyramidenkreuzung zur Gegenseite und bilden den **Tractus corticospinalis lat.**
- Die restlichen Fasern bilden den **Tractus corticospinalis ant.** und kreuzen erst auf der entsprechenden Segmentebene im Rückenmark zur Gegenseite (Commissura alba).
- Die Fasern enden im Rückenmark an Interneuronen oder an den motorischen Vorderhornzellen.

Leitungsgeschwindigkeit

- Mehrzahl der Fasern: dünn, marklos mit 1–25 m/s
- markhaltige Fasern aus Betz-Riesenpyramidenzellen im Gyrus praecentralis mit 60–120 m/s

13.2 Spinale Motorik

Muskelspindel

Funktion

Feinbau

Innervation

Funktion
- Messung der **Muskellänge** (-dehnung)
- PD-Sensoren
  - Dehnung (statische Komponente)
  - Dehnungsgeschwindigkeit (dynamische Komponente)

Feinbau **Intrafusale Fasern** (spezialisierte Muskelfasern) in einer Bindegewebskapsel, die parallel (in Serie) zur extrafusalen Arbeitsmuskulatur liegen:
- **Kernkettenfasern** (nuclear chain-fibers): v.a. Proportionaleigenschaften
- **Kernsackfasern** (nuclear bag-fibers): v.a. Differentialeigenschaften

Innervation
- **afferent:**
  - **primäre Muskelspindelafferenzen (Ia-Fasern),** innervieren vorwiegend Kernsackfasern im Äquatorialbereich der Muskelspindel (anulospirale Endigungen)
  - **sekundäre Muskelspindelafferenzen (II-Fasern),** innervieren vorwiegend Kernkettenfasern am Übergang zum Polbereich
- **efferent:**
  - **Aγ-Fasern (γ-Motoneurone),** innervieren die intrafusale Muskulatur im Polbereich und können über die intrafusale Vorspannung die Empfindlichkeit der Muskelspindel bei Kontraktion des Gesamtmuskels (α-Motoneurone) erhalten **(α-γ-Koaktivierung, Servoassistenz).**

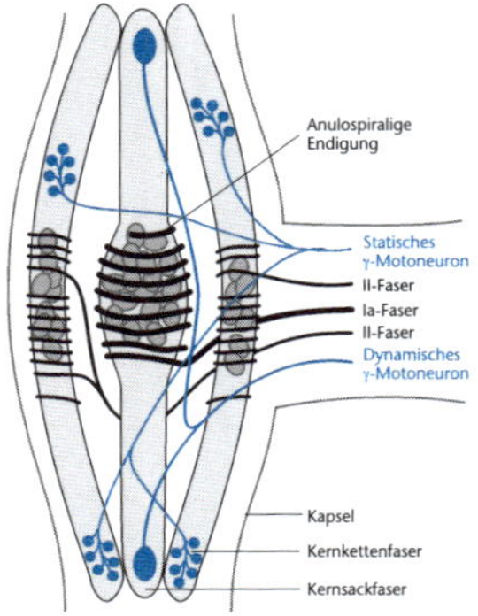

Bei Dehnung des Muskels nimmt die Entladungsrate in den Ia-Afferenzen zu, bei isotonischer Kontraktion ab.

Abb. 13.4: Aufbau einer Muskelspindel [1]

13.2 Spinale Motorik

Golgi-Sehnenorgane

Funktion

Feinbau

Innervation

Funktion
- Messung der **Muskelspannung**
- vorwiegend P-Sensoren

Feinbau
extrafusale Muskelfasern in einer Bindegewebskapsel am Muskel-Sehnen-Übergang in Serie zur Arbeitsmuskulatur

Innervation
- Ib-Fasern (afferent) (↗ Karte 159)

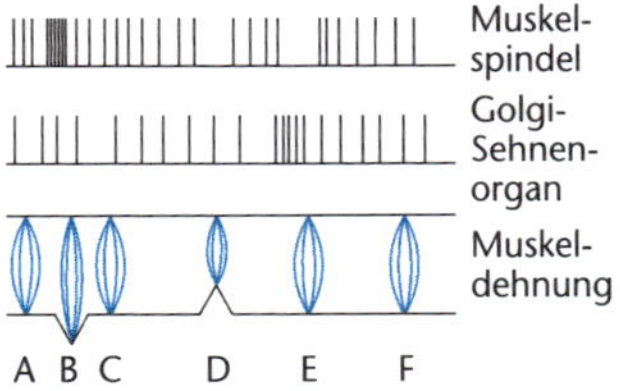

(A) Skelettmuskel in Ruhe
(B) Dehnung: Impulsfrequenz (MS) ↑
(C) Entdehnung: Impulsfrequenz (MS) ↓
(D) Isotonische Kontraktion: Impulsfrequenz (MS) ↓
(E) Isometrische Kontraktion: Impulsfrequenz (GSO) ↑
(F) Ruhe

Abb. 13.5: Impulsverhalten der afferenten Fasern von Muskelspindeln (MS) und Golgi-Sehnenorganen (GSO) [1]

13.2 Spinale Motorik

Verschaltungen

- Ia-Afferenzen
- Ib-Afferenzen
- Reziproke Hemmung
- Autogene Hemmung
- Rekurrente Hemmung

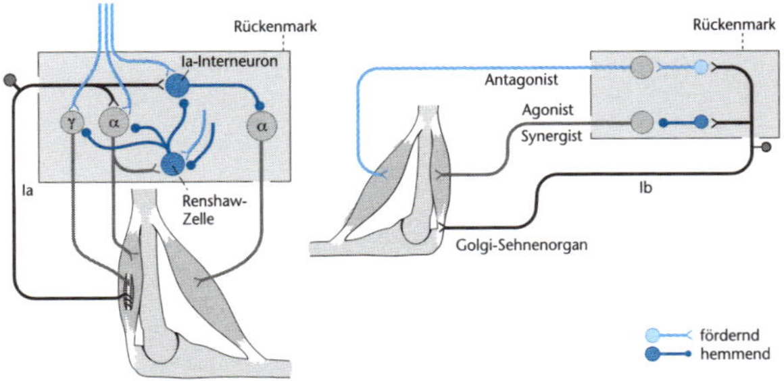

Abb. 13.6: Reziproke, autogene und rekurrente Hemmung [3]

Ia-Afferenzen

- monosynaptisch erregend mit den α-Motoneuronen des Agonisten (homonym) verschaltet
- disynaptisch hemmend mit den α-Motoneuronen des Antagonisten (heteronym) verschaltet → **reziproke Hemmung**

Ib-Afferenzen

- di- oder trisynaptisch hemmend mit den α-Motoneuronen des Agonisten verschaltet → **autogene Hemmung**
- di- oder trisynaptisch erregend mit den α-Motoneuronen des Antagonisten verschaltet

Reziproke Hemmung

über Afferenzen aus Muskelspindeln, dient der **Längenstabilisierung** des Muskels

Autogene Hemmung

über Afferenzen aus Golgi-Sehnenorganen, dient nicht als „Überspannungsschutz", sondern der **Spannungsbegrenzung** des Muskels für ausbalancierte Bewegungen (ohne autogene Hemmung würde man z. B. ein Ei nicht in die Hand nehmen können, ohne es zu zerquetschen)

Rekurrente Hemmung

α-Motoneurone begrenzen selbst ihre Entladungsrate, indem sie mit Kollateralen sog. **Renshaw-Interneurone** erregen, die wiederum die α-Motoneurone über den Transmitter Glycin hemmen (Feedback-Hemmung).

Reflexe I

Definition

Muskeldehnungsreflex

Bahnung

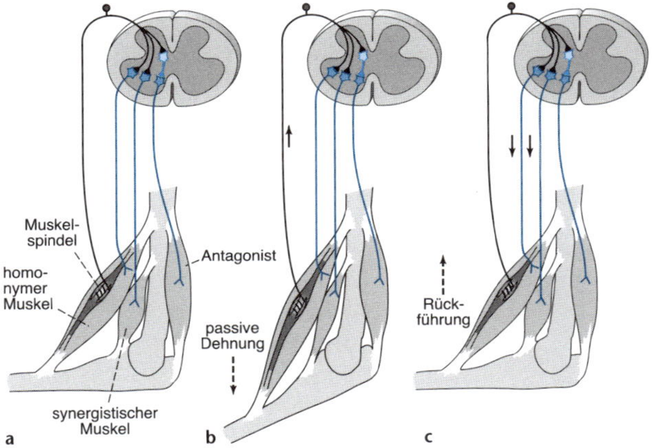

Abb. 13.7: Reflexbogen des Muskeldehnungsreflexes bei Dehnung des Flexors [3]

Definition

Reflexe sind stereotype Antworten eines Organs auf bestimmte Reize, die auf einer bestimmten neuronalen Verschaltung beruhen.

Muskeldehnungsreflex

- monosynaptischer Muskeleigenreflex (Eigenreflex = Sensor und Effektor im selben Organ) (↗ Karte 210)
- Synonyme: T-Reflex (tendo = Sehne), Sehnenreflex
- **Reflexbahn:** Zunahme der Länge eines Muskels (z. B. Dehnung durch externe Last, Auslösung in der Klinik durch Beklopfen der Sehne mit Reflexhammer) → Erregung der Muskelspindelendigungen → Zunahme der Entladungsrate in Ia-Afferenzen → synaptische Aktivierung von α-Motoneuronen des Muskels → Rekrutierung von motorischen Einheiten → Kontraktion des Muskels **(längenstabilisierender Regelkreis)**

Bahnung

Bahnung oder Verstärkung monosynaptischer Dehnungsreflexe durch willkürliche Innervation anderer Muskelgruppen, z. B. durch den **Jendrassik-Handgriff** (Auseinanderziehen der vor der Brust verhakten Hände → Mitinnervation von α-Motoneuronen, die z. B. für den Patellarsehnenreflex verantwortlich sind, und Suppression der hemmenden, kortikospinalen Bahnen).
Dieser Mechanismus beruht auf Verschaltungen, die in der Evolution zur Koordination aller vier Extremitäten entstanden sind.

13.2 Spinale Motorik

Reflexe II

Klinisch wichtige Muskeleigenreflexe

Beurteilungsparameter

Klinisch wichtige Muskeleigenreflexe (Auswahl)

Bezeichnung	Segmentale Zuordnung Peripherer Nerv	Auslösung und Effekt
Bizepssehnenreflex (BSR) Biceps-brachii-Reflex	C_5/C_6 N. musculocutaneus	Schlag auf Bizepssehne bei angewinkeltem Oberarm → Flexion im Ellbogengelenk
Trizepssehnenreflex (TSR) Triceps-brachii-Reflex	$C_6/C_7/C_8$ (Th_1) N. radialis	Schlag auf Trizepssehne bei abgewinkeltem Ober- und angewinkeltem Unterarm → Extension im Ellbogengelenk
Patellarsehnenreflex (PSR) Quadriceps-femoris-Reflex	(L_2) L_3/L_4 N. femoralis	Schlag auf Patellarsehne → Extension im Kniegelenk
Achillessehnenreflex (ASR) Triceps-surae-Reflex	(L_5) S_1 (S_2) N. tibialis	Schlag auf Achillessehne → Plantarflexion des Fußes

Beurteilungsparameter **Reflexamplitude** (Hyper-/Hypo-/Areflexie), **Reflexzeit**, **Reflexdauer**, **Seitendifferenzen**

Bei verschiedenen Reizstärken variieren Reflexdauer und -amplitude, die Reflexzeit (Zeitspanne Auslösung–Effekt, Anteil der synaptischen Übertragung nur ca. 1 ms) ist dabei konstant.

Reflexe III

Hoffmann-Reflex

Silent period

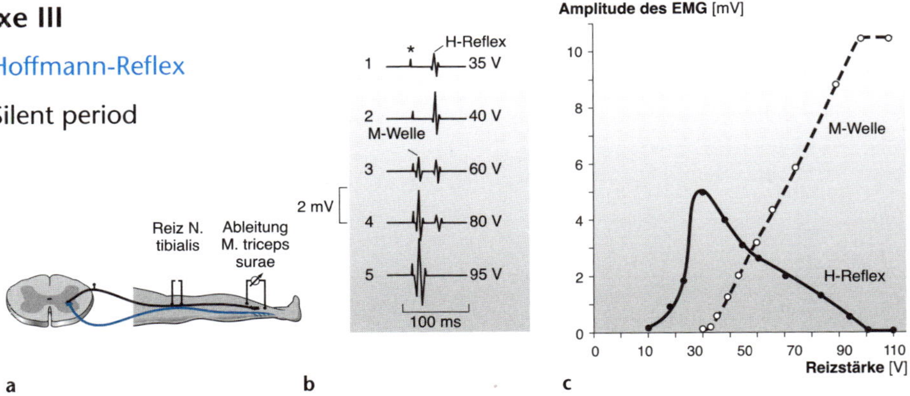

Abb. 13.8: H-Reflex: Ableitung (a), Elektromyogramm (b) und Amplitude des EMG (c) bei verschiedenen Reizstärken [3]

Hoffmann-Reflex

- Oberflächen-EMG nach elektrischer Reizung des N. tibialis zur Testung der Erregbarkeit von α-Motoneuronen des Rückenmarks
- **Kleine Reizstärken:**
  - nur **Reizung von Ia-Fasern** (niedrigere Reizschwelle als α-Motoneurone) → nach Latenzzeit (ca. 35 ms) Muskelsummenaktionspotential im M. triceps surae (= **H-Welle:** Ia-Afferenzen erregen im Rückenmark α-Motoneurone)
  - H-Welle ↑ bis Maximalwert
- **Höhere Reizstärken:**
  - zusätzlich **M-Welle** vor der H-Welle durch **direkte elektrische Reizung der α-Motoneurone** (Latenzzeit 5–10 ms, da kein „Umweg" über ZNS)
  - M-Welle ↑ bis Maximalwert
  - Kollision und Auslöschung der antidromen (direkte elektrische Reizung) und orthodromen (Ia-Fasern erregen α-Motoneurone) Impulse im α-Motoneuron ⟹ H-Welle ↓ (M-Welle nicht betroffen, da zeitlich früher)
  - M-Welle: kein echter Reflex, da Reflexbogen nicht vollständig abläuft.

Silent period

- postreflektorische Innervationsstille nach reflektorischer Muskelkontraktion
- Ursachen:
  - Entdehnung der Muskelspindeln → Impulsrate der Ia-Fasern ↓
  - Erregung der Golgi-Sehnenorgane → autogene Hemmung
  - rekurrente Hemmung
  - hyperpolarisierende Nachpotentiale der Motoneuron-Aktionspotentiale

Reflexe IV

Nozizeptiver Flexorreflex

Besonderheiten mono- und polysynaptischer Reflexe

Nozizeptiver Flexorreflex

- polysynaptische Verschaltung
- Auslösung: Afferenzen der Gruppe III/Aδ und IV/C (↗ Karte 159)
  - **geringe Reizstärke:** Aktivierung der Flexoren und Hemmung der Extensoren der ipsilateralen Extremität **(Beugereflex)**
  - **stärkere Reize:** zusätzlich Hemmung der Flexoren und Aktivierung der Extensoren der kontralateralen Extremität **(gekreuzter Streckreflex)**
  - **extreme Erregung:** zusätzlich Einbeziehung der oberen bzw. unteren Extremität **(doppelt gekreuzter Streckreflex)**
- Funktion: nozizeptiver Schutzmechanismus (z. B. Wegziehen der Hand von heißer Herdplatte), Einbindung in komplexere Bewegungsmuster (spinale Lokomotion)

Besonderheiten mono- und polysynaptischer Reflexe

- monosynaptische Reflexe:
  - unterschwellige Reize lösen keinen Reflex aus
  - Reflexzeit konstant
- polysynaptische Reflexe:
  - mögliche Summation unterschwelliger Reize zu einem überschwelligen Reiz
  - mögliche Verkürzung der Reflexzeit durch supraspinale Einflüsse (kürzere Reaktionszeit bei Gefahr)

13.2 Spinale Motorik

Pathophysiologie

Querschnittslähmung

Querschnittslähmung

vollständige oder teilweise Schädigung des Rückenmarks mit unterschiedlichen Symptomen je nach Höhe der Läsion; wichtige Folgen kaudal des betroffenen Segments:

- **spinaler Schock** (Dauer: Stunden bis Wochen)
  - schlaffe Lähmung
  - totaler Verlust der Sensibilität
  - Areflexie
  - bei hochzervikalen Läsionen Durchtrennung der präganglionären sympathischen Neurone (Folge u. a. starker Blutdruckabfall)
  - Schockblase (Harnverhaltung)
- weiterer Verlauf
  - spastische Lähmung
  - Hyperreflexie (zuerst Wiederkehren der Flexorreflexe, dann Flexor- und Extensorreflexe)
  - evtl. pathologische Reflexe
  - Blasenlähmung (bei erhaltenem Reflexbogen: Reflexblase mit unwillkürlicher Miktion nach suprapubischem Beklopfen)

13.3 Hirnstamm

Hirnstamm-Motorik

- Tractus rubrospinalis
- Tractus vestibulospinalis lat.
- Wichtige Reflexe

Tractus rubrospinalis

- Verlauf: Ncl. ruber → Rückenmark
- extrapyramidale Motorik (erregend auf Flexoren, hemmend auf Extensoren)

Tractus vestibulospinalis lat.

- Verlauf: Ncl. vestibularis lat. (Deiters) → Rückenmark
- Aufrechterhaltung des Gleichgewichts (erregend auf Extensoren, hemmend auf Flexoren)

Wichtige Reflexe

- statische Reflexe (Halte-, Stellreflexe)
- statokinetische Reflexe (z. B. sog. Liftreaktion: Durchstrecken der Beine im Aufzug bei plötzlichem Abwärtsfahren)
- Nahrungsaufnahmereflexe (Saugreflex, Speichelsekretion, Kauvorgang, Schluckakt)
- Schutzreflexe (Kornealreflex, Hustenreflex)

13.4 Basalganglien

Verschaltungen

- Afferenzen
- Efferenzen
- Transmitter
- Funktionen der Basalganglien

Funktionen der Basalganglien

- Ausführung, Planung und Vorstellung von Bewegungen
- Die nach wie vor gebräuchliche Bezeichnung „extrapyramidales motorisches System“ stellt die Basalganglien als motorisches System neben der Pyramidenbahn dar, obwohl die Basalganglien hauptsächlich präpyramidal motorische Areale beeinflussen.
- Beteiligung an kognitiven und emotionalen Prozessen

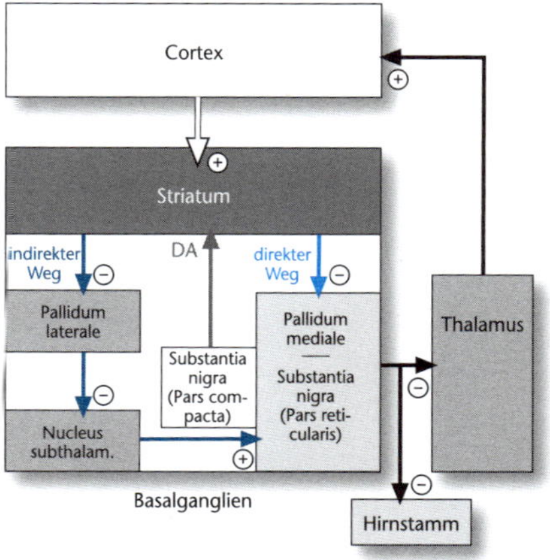

Abb. 13.9: Basalganglienverschaltungen. (+) erregender Einfluss, (–) hemmender Einfluss. DA = Dopamin [5]

13.4 Basalganglien

Pathophysiologie

Morbus Parkinson

Chorea Huntington

Athetose

Ballismus

Morbus Parkinson

- hypertones hypokinetisches Syndrom
- Pathogenese: **Degeneration dopaminerger Neurone in der Substantia nigra** → Überaktivität der Basalganglien (striatopallidale Schleife) → Hemmung des Thalamus
- Symptomentrias (nicht obligat): Rigor, Ruhetremor, Akinese
- Therapie: L-Dopa (Vorstufe von Dopamin, passiert die Blut-Hirn-Schranke), Dopaminagonisten, Decarboxylasehemmer, MAO-Hemmer, Anticholinergika, stereotaktische Operation (Ultima Ratio)

Chorea Huntington

- hypotones hyperkinetisches Syndrom („Veitstanz")
- erblicher Defekt: Degeneration GABA- und cholinerger Neurone im Striatum → Überaktivität der dopaminergen Substantia-nigra-Neurone
- Symptome: Hyperkinesien (plötzliche, unwillkürliche, häufig asymmetrische Bewegungen meist der distalen Extremitäten, tic-artiges Grimassieren der Gesichtsmuskulatur), Hypotonie der Muskulatur

Athetose

Degenerationen im Striatum und Pallidum → Hyperkinesien

Ballismus

Läsionen im Ncl. subthalamicus → Enthemmung prämotorischer Rindenfelder → meist einseitige plötzliche schleudernde Bewegungen (Hemiballismus)

13.5 Kleinhirn

Funktionelle Anatomie

- Aufgaben des Kleinhirns
- Aufbau der Kleinhirnrinde
- Afferenzen (Eingänge)
- Efferenzen (Ausgänge)

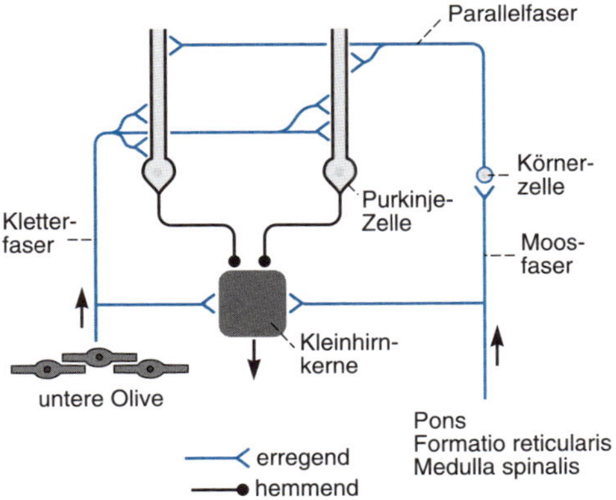

Beachte: Mit Ausnahme der Körnerzellen wirken alle Neurone hemmend (Transmitter: GABA). Die Axone der Purkinje-Zellen sind die einzigen Efferenzen der Kleinhirnrinde.

Abb. 13.10: Neurone und Verschaltungen in der Kleinhirnrinde [3]

Aufgaben des Kleinhirns

- keine Initiierung von Motorik, sondern Feinabstimmung und Koordination von Bewegungen
- Erhalt von Muskeltonus und Gleichgewicht

Vereinfachte funktionelle Gliederung des Kleinhirns nach Hauptafferenzen und -efferenzen (klinisch relevante Gliederung in drei parasagittale Längszonen)

	mediale Zone	intermediäre Zone	laterale Zone
Bereiche	Vermis cerebelli	Hemispheria cerebelli	
Afferenzen (Eingänge)	vestibuläre, somatosensorische, visuelle, auditorische Gebiete	propriozeptive und somatosensorische Informationen a. d. Rückenmark, Motorkortex (über Brückenkerne)	nahezu gesamter zerebraler Kortex (über Brückenkerne)
Efferenzen (Ausgänge)	Ncl. fastigii → Formatio reticularis, Vestibulariskerne	Ncl. interpositus (Ncll. globosus et emboliformis) → Ncl. ruber, über Thalamus zum Motorkortex	Ncl. dentatus → Ncl. ruber, über Thalamus zum Motorkortex
Funktion	Koordination der Stützmotorik	Koordination von Stütz- und Zielmotorik (Kurskorrektur)	schnelle Zielmotorik

13.5 Kleinhirn

Pathophysiologie

Symptome bei Störungen der Kleinhirnfunktion

Symptome bei Störungen der Kleinhirnfunktion

- **Asynergie** (gestörte Koordination von Muskelgruppen)
- **Dysmetrie** (falsche Abmessung von Zielbewegungen)
- **Gangataxie** (unsicherer, breitbeiniger Gang)
- **Dys- oder Adiadochokinese** (Unfähigkeit, schnell aufeinander folgende antagonistische Bewegungen auszuführen)
- **Bewegungsdekomposition** (hintereinander statt gleichzeitig ablaufende Bewegungen)
- Intentionstremor
- **Hypotonus** der Muskulatur
- pathologischer Nystagmus (↗ Karte 240)
- **skandierende Sprache** (stockende, abgehackte Sprache mit einzeln betonten Silben)

14.1 Sinne und Sinnesrezeptoren

Kodierungseigenschaften von Sensoren

Proportional-Detektoren

Differential-Detektoren

Proportional-Differential-Detektoren

Proportional-Detektoren

- P-Sensoren messen die Intensität eines Reizes; ihre Impulsrate ist direkt proportional zur Reizintensität S.
- Bsp.: Ruffini-Körperchen

Differential-Detektoren

- D-Sensoren messen die Geschwindigkeit dS/dt einer Reizänderung oder die Änderung der Geschwindigkeit einer Reizänderung d^2S/dt^2.
- Bsp.: Meissner-Körperchen (Geschwindigkeitsdetektoren), Vater-Pacini-Körperchen (Beschleunigungsdetektoren)

Proportional-Differential-Detektoren

- PD-Sensoren besitzen sowohl Proportional- wie Differentialeigenschaften.
- Bsp.: Warm- und Kaltrezeptoren

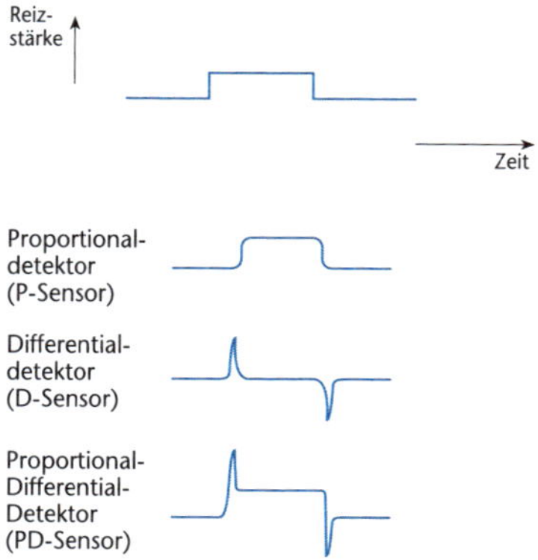

Abb. 14.1: Antwortverhalten von P-, D- und PD-Detektoren [6]

14.1 Sinne und Sinnesrezeptoren

Tastsinn

- Drucksensoren
- Berührungssensoren
- Vibrationssensoren
- Räumliche Unterschiedsschwellen

Drucksensoren

- **Merkel-Zellen / Merkel-Tastscheiben** (slowly adapting Typ I, SA-I-Sensor) in der Epidermis
- **Ruffini-Kolben** (slowly adapting Typ II, SA-II-Sensor) in der Dermis und Subcutis

Berührungssensoren

- **Meissner-Körperchen** (rapidly adapting, RA-Sensor) in der Dermis
- Haarfollikelsensoren

Vibrationssensoren

- Vater-Pacini-Körperchen in der Subcutis

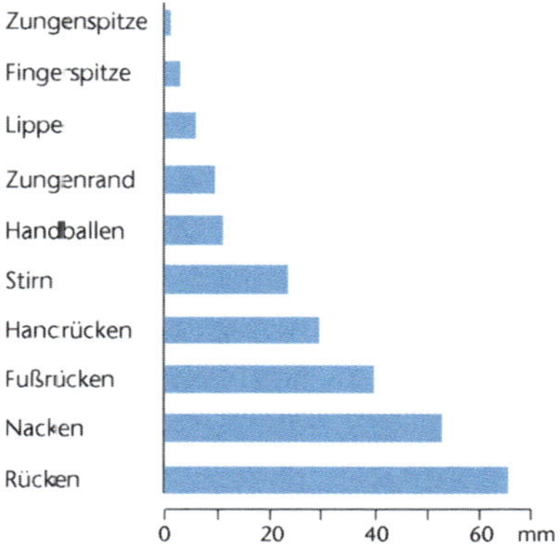

Abb. 14.2: Räumliche Unterschiedsschwellen beim Erwachsenen [1]

14.1 Sinne und Sinnesrezeptoren

Propriozeption und viszerale Sensorik

Propriozeption

Viszerale Sensorik

Propriozeption

- Zusammenfassung von Sinneseindrücken aus Muskel-, Sehnen- und Gelenkmechanorezeptoren, unterteilbar in
  - **Stellungssinn:** Informationen über die Position der Gliedmaßen zueinander (Winkelstellung der Gelenke) auch ohne visuelle Kontrolle
  - **Bewegungssinn:** Wahrnehmung der Richtung und Geschwindigkeit von Bewegungen
  - **Kraftsinn:** Kontrolle der angemessenen Muskelkraft für Gelenkbewegungen oder Gelenkstellungen (Muskelspindeln, Golgi-Sehnenorgane, Gelenksensoren)
- Für die Orientierung im Raum spielt zusätzlich das Vestibularorgan eine wesentliche Rolle. (↗ Karte 248)

Viszerale Sensorik

Sensoren im Dienst der Homöostase, können vegetative Reflexe auslösen, z. B.:

- **Chemosensoren** (Glomus aorticum, Glomus caroticum)
- **Osmosensoren** (Hypothalamus)
- **Pressosensoren** (Wand der Aorta, A. carotis communis)
- **Volumensensoren** (Herzvorhöfe)
- **Dehnungssensoren** (Lunge)

14.1 Sinne und Sinnesrezeptoren

Temperatursinn

Eigenschaften des Temperatursinns

Eigenschaften der Temperatursensoren

Eigenschaften des Temperatursinns

- Kaltsensoren auf der Haut sind zahlreicher als Warmsensoren
- **Indifferenztemperatur:** bei Hauttemperaturen zwischen 33 und 35 °C weder Warm- noch Kaltempfindung
- Bei Hauttemperaturen unter 20 bzw. über 45 °C werden Nozizeptoren erregt. (↗ Karte 219)
- Temperatursensoren sind PD-Detektoren und empfindlicher für Temperaturänderungen als für statische Temperaturen (Dreischalenversuch nach Weber).

Eigenschaften der Warm- und Kaltsensoren

	Kaltsensoren	Warmsensoren
Histologie	freie Nervenendigungen	freie Nervenendigungen
Faserklasse	v. a. III/Aδ	v. a. IV/C
Lokalisation	Epidermis	Dermis
Hauptmessbereich (Hauttemperatur)	20–35 °C	30–45 °C

14.2 Nozizeption und Schmerz

Nozizeptoren und Nozizeption

Eigenschaften der Nozizeptoren

Eigenschaften der Nozizeptoren

- freie Nervenendigungen
  - III/Aδ-Fasern: „heller" Oberflächenschmerz, Sofortschmerz
  - IV/C-Fasern: „dumpfer" Tiefenschmerz, Spätschmerz (↗ Karte 158)
- hauptsächlich polymodale (= durch unterschiedliche Reizarten erregbare) Proportional-Rezeptoren; Reizung durch
  - Gewebeverletzung
  - Stoffe, die bei Entzündungsreaktionen frei werden, z. B. Bradykinin, Substanz P, Prostaglandine, H^+-Ionen, Histamin, Acetylcholin
- erhöhte Schmerzempfindlichkeit durch posttetanische Potenzierungen (↗ Karte 273)
- stärkere Reizung der Nozizeptoren führt zu räumlicher und zeitlicher Bahnung ⟹ Überschreiten der Schmerzschwelle
- reflektorische Aktivierung motorischer und vegetativer Neurone (z. B. Schutzreflexe: Wegziehen der Hand von heißer Herdplatte)

☞ Schmerz adaptiert nicht!

14.2 Nozizeption und Schmerz

Spezielle Schmerzformen

Projizierter Schmerz

Übertragener Schmerz

Projizierter Schmerz

- Reizung (mechanisch, entzündlich) eines Nervenstammes und damit von Schmerzfasern des Nervs ⟹ Das ZNS projiziert den Schmerz auf das Versorgungsgebiet des Nervs, als ob er von dort käme.
- Bsp.: Schmerz im Fingerbereich nach Reizung des N. ulnaris im Ellenbogen; ausstrahlende Schmerzen bei Bandscheibenvorfall

Übertragener Schmerz

- nozizeptive Reizung eines inneren Organs ⟹ Übertragung des Schmerzes in das zugehörige Dermatom (= Hautareal, das vom gleichen Rückenmarkssegment innerviert wird wie das Organ)
- **Head-Zonen:** Hautbezirke (Dermatomanteile), die bestimmten inneren Organen zugeordnet werden können
- Bsp.: Schmerz im linken Arm bei Angina pectoris

14.2 Nozizeption und Schmerz

Schmerzhemmung

Endogene Opioide

Narkotische Analgetika

Nicht-narkotische Analgetika

Psychopharmaka

TENS

Endogene Opioide

Opioide binden an Opiatrezeptoren (Substantia gelatinosa im Hinterhorn des Rückenmarks, zentrales Höhlengrau im Mittelhirn) und wirken als Transmitter schmerzhemmender Neurone:

- β-Endorphin (entsteht mit ACTH und MSH aus der gemeinsamen Vorstufe Proopiomelanocortin = POMC)
- Enkephaline
- Dynorphine

Narkotische Analgetika

- Morphium
- Opiate
- synthetische Opioide

Nicht-narkotische Analgetika

z. B. Hemmer der Prostaglandinsynthese (Acetylsalicylsäure) ⇒ gleichzeitig entzündungshemmende Wirkung

Psychopharmaka

Psychopharmaka können zentral die Schmerzwahrnehmung und -bearbeitung beeinflussen.

TENS

transkutane elektrische Nervenstimulation (TENS): elektrische Reizung von Aβ-Afferenzen (Mechanosensoren der Haut), hemmt segmental die Erregung nozizeptiver Hinterhornneurone

14.3 Sensorische Bahnen

Wichtige Bahnen im Rückenmark

Epikritische Sensibilität

Protopathische Sensibilität

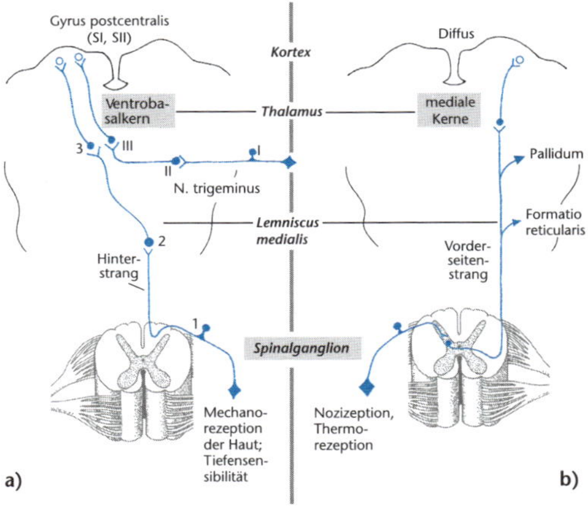

Abb. 14.3: (a) Leitungsbahnen der epikritischen Sensibilität (b) Leitungsbahnen der protopathischen Sensibilität [1]

Epikritische Sensibilität

Afferenzen aus Mechanosensoren der Haut und Propriozeptoren

- 1. Neuron im Spinalganglion
- ohne Umschaltung auf der ipsilateralen Seite im Hinterstrang zur Medulla oblongata (Fasciculus gracilis: Afferenzen der unteren Extremität; Fasciculus cuneatus: Afferenzen der oberen Extremität), dort Umschaltung auf das **2. Neuron im Nucleus gracilis bzw. cuneatus**
- als Lemniscus medialis zum Thalamus, dabei Kreuzung (Decussatio lemniscorum) zur Gegenseite, Umschaltung auf das **3. Neuron im Thalamus** (Ventrobasalkern)
- als Tractus thalamocorticalis zum Gyrus postcentralis der Großhirnrinde

☞ Die epikritische Sensibilität wird im **Hinterstrang** nach zentral geleitet.

Protopathische Sensibilität

Schmerz- und Temperaturafferenzen

- 1. Neuron im Spinalganglion
- **2. Neuron im Hinterhorn** (Substantia gelatinosa)
- Kreuzung auf Rückenmarksebene zur Gegenseite (Commissura alba)
- als Tractus spinothalamicus auf der kontralateralen Seite im Vorderseitenstrang zum Thalamus, dort Umschaltung auf das **3. Neuron im Thalamus**
- zum Gyrus postcentralis

☞ Die protopathische Sensibilität wird im **Vorderseitenstrang** nach zentral geleitet.

14.3 Sensorische Bahnen

Ausfallserscheinungen

Brown-Séquard-Syndrom

Polyneuropathie

Brown-Séquard-Syndrom

Nach Halbseitendurchtrennung kommt es zu einer **dissoziierten Empfindungsstörung:**

- **ipsilateral:**
  - spastische Lähmung der Muskulatur
  - Verlust der epikritischen Sensibilität (Berührung, Druck, Vibration)
- **kontralateral:**
  - Verlust der Temperatur- und Schmerzempfindung

Grund: Schmerz- und Temperaturbahnen kreuzen auf Rückenmarksebene, Motorik und epikritische Sensibilität kreuzen zentral

Polyneuropathie

- nichttraumatische Schädigung peripherer Nerven verschiedener Ätiologie, am häufigsten durch Diabetes mellitus und Alkoholismus
- Folgen: distal betonte Störungen der epikritischen und protopathischen Sensibilität, Hypo- oder Areflexie, Muskelatrophien, Störungen des vegetativen Nervensystems (z. B. Störungen der Darm- und Blasenfunktion und des Herz-Kreislauf-Systems)

15.1 Anatomie des Auges

Makroskopische Anatomie

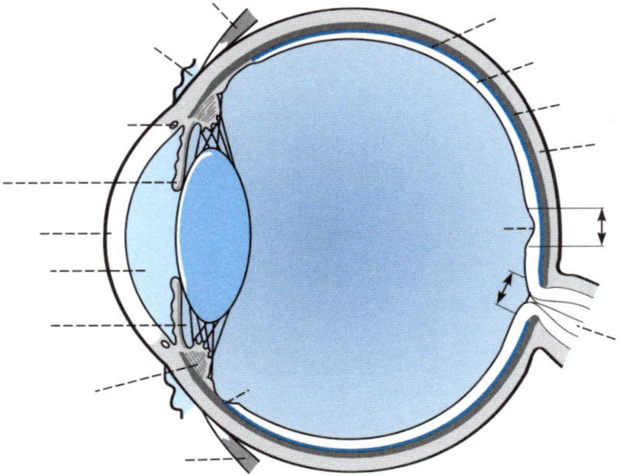

Abb. 15.1: Horizontalschnitt durch das Auge [3]

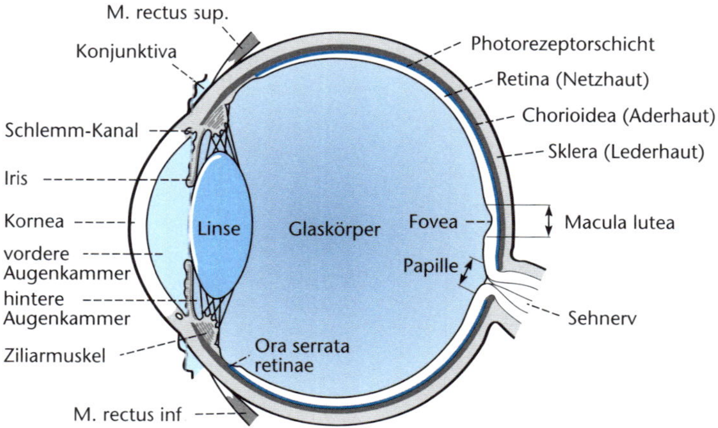

Abb. 15.2: Horizontalschnitt durch das Auge [3]

15.1 Anatomie des Auges

Anatomisch-funktionale Strukturen

Cornea

Linse

Pupille

Glaskörper

Kammerwasser

Fovea centralis

Rezeptorschicht der Retina

Papilla nervi optici

Tränenflüssigkeit

2/16

Struktur	Eigenschaft	Funktion
Cornea	Hauptanteil an der Brechkraft des Auges	Brechung des Lichtes
Linse	variabler Krümmungsradius	variable Brechkraft → Fokussierung des Bildes
Pupille	variable Blende	Regulation der Lichtintensität
Glaskörper	gallertartige Masse	Formkonstanz des Bulbus
Kammerwasser	Ultrafiltrat des Plasmas, produziert vom Ziliarkörper	Aufrechterhaltung des Augeninnendrucks (ca. 20 mmHg)
Fovea centralis	höchste Zapfendichte	**Ort des schärfsten Sehens**
Rezeptorschicht der Retina	Lokalisation der Rezeptorzellen sowie des nachgeschalteten Zellapparats	Signalaufnahme und -verarbeitung
Papilla nervi optici	**„blinder Fleck"**	Abgang des Sehnervs
Tränenflüssigkeit	von Gl. lacrimalis als Ultrafiltrat des Blutes gebildet; stark hyperton gegenüber Blutplasma; Sekretion durch Parasympatikus gefördert; enthält IgA und schützende Enzyme; 2,5 µl/min pro Auge	Ausspülen von Fremdkörpern, Schmierstoff, Infektionsabwehr

15.1 Anatomie des Auges

Muskulatur des Auges

Gerade Augenmuskeln

Schräge Augenmuskeln

M. ciliaris

	Innervation	Funktion
Gerade Augenmuskeln		
M. rectus superior	N. oculomotorius (III)	Heben
M. rectus inferior	N. oculomotorius (III)	Senken
M. rectus lateralis	N. abducens (VI)	Abduktion
M. rectus medialis	N. oculomotorius (III)	Adduktion
Schräge Augenmuskeln		
M. obliquus inferior	N. oculomotorius (III)	Rollen nach oben
M. obliquus superior	N. trochlearis (IV)	Rollen nach unten
M. ciliaris	N. ciliaris (parasympathische Fasern)	Wölbung der Linse ⟹ Akkommodation

15.1 Anatomie des Auges

Dioptrischer Apparat

Bestandteile

Funktion

Brechkraft D

Bestandteile

Der dioptrische Apparat besteht aus der Cornea, dem Kammerwasser, der Linse und dem Glaskörper.

Funktion

Er ermöglicht die scharfe Abbildung des Objekts auf der Retina; dazu müssen Gesamtbrechkraft und Größe des Bulbus exakt aufeinander abgestimmt sein.

Brechkraft D

D [dpt] = 1/f

1 Dioptrie [dpt] = 1/m

f = Brennweite [m]

Gesamtbrechkraft:

D = ca. 59 dpt = 43 dpt (Cornea) – 3 dpt (Kammerwasser) + 19 dpt (Linse)

15.1 Anatomie des Auges

Akkommodation

Definition

Fernakkommodation

Nahakkommodation

Akkommodationsbreite

Glaukom

Akkommodation

Definition	Scharfstellen eines Objekts auf der Retina über die Änderung der Linsenform und damit der Linsenbrechkraft
Fernakkommodation	Ziliarmuskel über **Parasympathikushemmung** entspannt → Zonulafasern gespannt → Abflachung der Linse → geringe Brechkraft
Nahakkommodation	Ziliarmuskel über **Parasympathikuserregung** kontrahiert → Zonulafasern entspannt → Linse nimmt kugelige Form an → hohe Brechkraft
Akkommodationsbreite	$A = D_{nah} - D_{fern}$ = 1/Nahpunkt [m] – 1/Fernpunkt [m] Normwert: 10 dpt

Glaukom

Das Glaukom entsteht, wenn das Gleichgewicht zwischen Kammerwassersekretion und -resorption gestört ist. Es kommt zur Erhöhung des Augeninnendrucks und damit zur Schädigung des Sehnervs. Pupillenerweiterung (Mydriasis) fördert die Entstehung eines Glaukoms.

15.1 Anatomie des Auges

Fehlsichtigkeiten

- Astigmatismus
- Myopie
- Hypermetropie
- Presbyopie

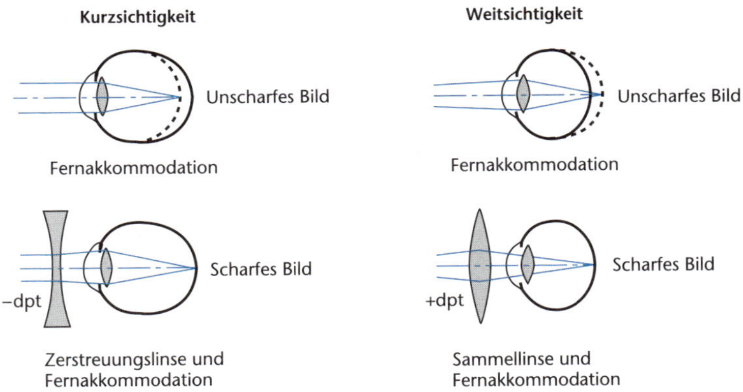

Abb. 15.3: **Fehlsichtigkeiten [1]**

Refraktionsanomalien

Abbildungsfehler	Ursache	Korrektur
Astigmatismus (Stabsichtigkeit)	Anomalien der Hornhautkrümmung → keine punktförmige Abbildung → Brennpunktlosigkeit	zylindrisch konvexe Linsen
Myopie (Kurzsichtigkeit)	Bulbus im Verhältnis zur Brechkraft zu lang → Brennpunkt liegt **vor** der Netzhaut	Zerstreuungslinsen
Hypermetropie (Weitsichtigkeit)	Bulbus im Verhältnis zur Brechkraft zu kurz → Brennpunkt liegt **hinter** der Netzhaut	Sammellinsen
Presbyopie (Alterssichtigkeit)	verringerte Akkommodationsbreite aufgrund mangelnder Elastizität der Linse, v. a. im Alter	Sammellinsen

15.2 Retinale Signalverarbeitung

Photorezeptoren

Lokalisation

Funktion

Struktur

Stäbchen

Zapfen

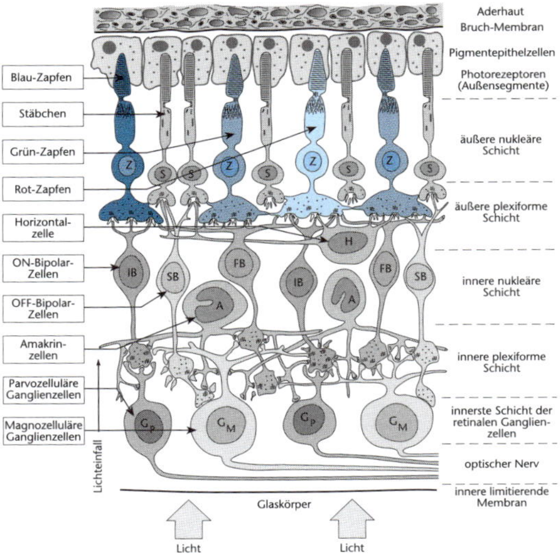

Abb. 15.4: Aufbau der Netzhaut [3]

Lokalisation Retina

Funktion Sie stehen am Anfang der Umwandlung des Lichtreizes in die neuronale Informationsverarbeitung. Der adäquate Reiz der Photorezeptoren ist elektromagnetische Strahlung (Lichtquanten) im Bereich von 400–750 nm.

Struktur Gliederung in ein Außenglied (mit dem Sehfarbstoff), ein Cilium und ein Innenglied

Stäbchen

- etwa 110 Mio. pro Auge
- für das **skotopische** Sehen (Helligkeitssehen) verantwortlich
- Sehfarbstoff ist das **Rhodopsin** („Sehpurpur"), bestehend aus Opsin und einer chromophoren Gruppe, dem 11-cis-Retinal.

Zapfen

- etwa 6 Mio. pro Auge
- für das **photopische** Sehen (Farbensehen) verantwortlich
- Sehfarbstoff ist eines von drei unterschiedlichen **Jodopsinen** → verschiedene Absorptionsmaxima

15.2 Retinale Signalverarbeitung

Photorezeption

Prinzip

Dunkelsignal

Belichtung

Prinzip

Lichteinfall bzw. Dunkelsignal auf die Retina bewirken in der Rezeptorzelle eine Membranpotentialveränderung. Dadurch wird die Freisetzung des Transmitters Glutamat gefördert bzw. gehemmt.

Dunkelsignal

kein Lichteinfall auf die Retina → Retinal liegt in **11-cis-Form** vor, Na^+- und Ca^{2+}-Kanäle offen wegen hoher cGMP-Konzentration, die Zelle ist **depolarisiert** (Na^+-Dunkelstrom, Membranpotential liegt bei –30 mV) → **Transmitterausschüttung** ↑

Belichtung

Lichteinfall auf die Retina → photoinduzierte Isomerisierung des Retinals in die **all-trans-Form** → Stimulierung der cGMP-abhängigen Phosphodiesterase → cGMP-Konzentration sinkt stark, Ionenkanäle schließen sich → die Zelle wird **hyperpolarisiert** (Membranpotential liegt bei –60 mV) → **Transmitterausschüttung** ↓

☞ Die Photosensoren sind die einzigen Sinneszellen, deren Erregung eine Hyperpolarisation bewirkt.

15.2 Retinale Signalverarbeitung

Sehschärfe und Rezeptorverteilung auf der Netzhaut

Visus

Stäbchenverteilung

Zapfenverteilung

Visus

- **Visus (= Sehschärfe)** = 1/Sehschärfewinkel α
- Die physiologische Sehschärfe beträgt 1, sie kann bei Kindern etwas darüber liegen.

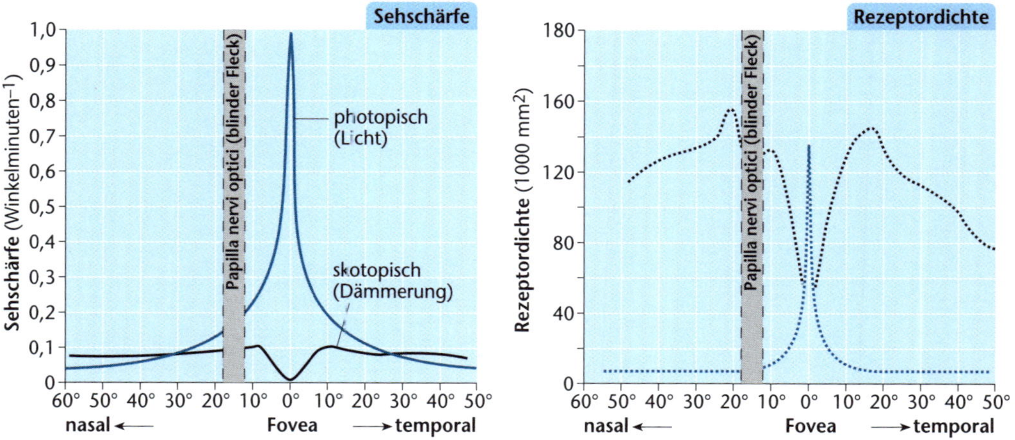

Die grünen Kurven geben die photopische Sehschärfe bzw. die Zapfendichte mit dem Maximum in der Fovea wieder. Die schwarzen Kurven zeigen die skotopische Sehschärfe und die retinale Verteilung des dazugehörigen Stäbchensystems. Unterbrechung der Kurven im rezeptorfreien Bereich der Papilla n. optici (blinder Fleck).

Abb. 15.5: Sehschärfe und Rezeptordichte in der Netzhaut [8]

15.2 Retinale Signalverarbeitung

Rezeptives Feld und Ganglienzellen

Rezeptives Feld

On-Ganglienzellen

Off-Ganglienzellen

Rezeptives Feld

- Areal an Rezeptor- und Bipolarzellen, von dem eine Hemmung oder eine Erregung auf eine nachgeschaltete Ganglienzelle ausgeht.
- besteht aus einem Zentrum und einer Peripherie
- dient der Kontrastverstärkung

On-Ganglienzellen

Aktivierung durch Beleuchtung ihres **rezeptiven Zentrums, Hemmung** bei Beleuchtung der **Feldperipherie**

Off-Ganglienzellen

Hemmung durch Beleuchtung des **rezeptiven Zentrums, Aktivierung** durch Beleuchtung der **Feldperipherie**

Typ des rezeptiven Feldes	Reiz auf Zentrum	Reiz auf Peripherie	Reiz auf Zentrum und Peripherie
On-Zentrum mit Off-Peripherie	Licht an → Impulsrate ↑ (On-Erregung) Licht aus → Impulsrate ↓ (Off-Hemmung)	Licht an → Impulsrate ↓ (On-Hemmung) Licht aus → Impulsrate ↑ (Off-Erregung)	Licht an → Impulsrate unverändert Licht aus → Impulsrate unverändert
Off-Zentrum mit On-Peripherie	Licht an → Impulsrate ↓ (On-Hemmung) Licht aus → Impulsrate ↑ (Off-Erregung)	Licht an → Impulsrate ↑ (On-Erregung) Licht aus → Impulsrate ↓ (Off-Hemmung)	Licht an → Impulsrate unverändert Licht aus → Impulsrate unverändert

15.2 Retinale Signalverarbeitung

Adaptation

Definition

Adaptationskurve

Definition

Anpassung der Empfindlichkeit des Sehens an verschiedene Lichtverhältnisse

Adaptationskurve

zweiphasig, unterbrochen durch den **Kohlrausch-Knick**:

- 1. Phase entspricht der Adaptation der Zapfen → photopisches Sehen (nach 5 min beendet)
- 2. Phase entspricht der Adaptation der Stäbchen → skotopisches Sehen

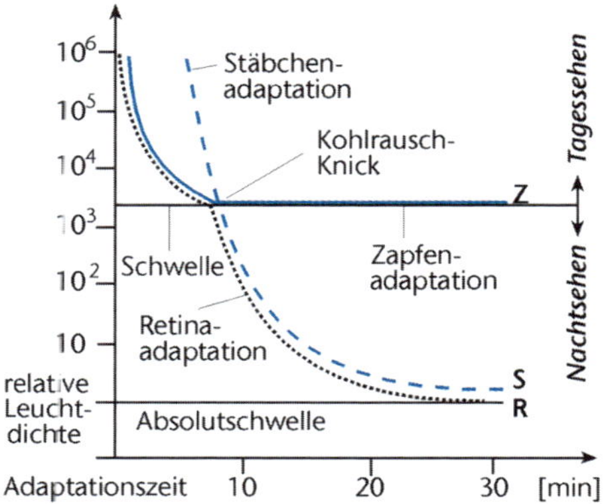

Abb. 15.6: Dunkeladaptation [1]

15.2 Retinale Signalverarbeitung

Farbsinnesstörungen

Rotblindheit

Grünblindheit

Blauviolettblindheit

Farbenblindheit

Rotschwäche

Grünschwäche

Blauviolettschwäche

Erbgang

Bezeichnung	Ursache
Rotblindheit **(Protanopie)**	langwelliges Zapfenpigment fehlt
Grünblindheit **(Deuteranopie)**	mittelwelliges Zapfenpigment fehlt
Blauviolettblindheit **(Tritanopie)**	kurzwelliges Zapfenpigment fehlt
Vollständige Farbenblindheit **(Stäbchenmonochromasie)**	alle Zapfenpigmente fehlen, Sehen nur durch Stäbchen vermittelt
Rotschwäche **(Protanomalie)**	langwelliges Zapfenpigment schwächer ausgebildet
Grünschwäche **(Deuteranomalie)**	mittelwelliges Zapfenpigment schwächer ausgebildet
Blauviolettschwäche **(Tritanomalie)**	kurzwelliges Zapfenpigment schwächer ausgebildet

Erbgang

- Das Opsin-Gen der Rot- und Grün-Zapfen befindet sich auf dem X-Chromosom ⟹ Protanopie, Deuteranopie, Protanomalie und Deuteranomalie werden **X-chromosomal-rezessiv** vererbt.
- Das Opsin-Gen der Blauzapfen befindet sich auf einem Autosom ⟹ Tritanopie und Tritanomalie werden **autosomal-dominant** vererbt.

15.3 Sehbahn und Perimetrie

Sehbahn

Verlauf

Repräsentation

Verlauf

Photorezeptoren → Bipolarzellen → Ganglienzellen (bilden den N. opticus) → Papilla nervi optici → Chiasma opticum (Kreuzung der nasalen Fasern, temporale Fasern bleiben ipsilateral) → Tractus opticus → Abzweigungen zu Prätectum und zu den Colliculi superiores → Corpus geniculatum laterale (CGL) → Radiatio optica → primäre Sehrinde (Area 17, Sulcus calcarinus)

Repräsentation

Zentrale Netzhautregionen (Fovea centralis!) werden im Vergleich zur Netzhautperipherie stärker repräsentiert.

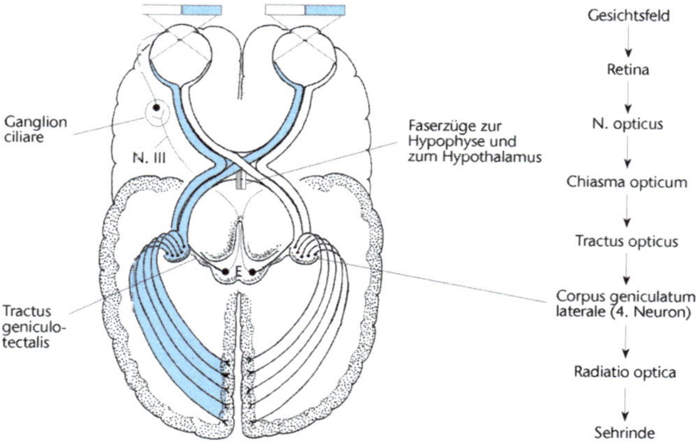

Abb. 15.7: Topographie der Sehbahn [1]

15.3 Sehbahn und Perimetrie

Perimetrie

Definition

Kinetische Perimetrie

Statische Perimetrie

Definition	Verfahren zur Bestimmung der monokulären Gesichtsfelder mittels Gesichtsfeldkarten → Diagnose von möglichen Ausfällen
Kinetische Perimetrie	Fixierung des Auges auf das Zentrum der Perimeterhalbkugel → aus definierten Ebenen werden Lichtreize, beginnend von der Peripherie, sukzessive Richtung Zentrum projiziert → erste Reizwahrnehmung entspricht der äußersten Gesichtsfeldgrenze
Statische Perimetrie	Bestimmung der Intensitätsschwelle für statische, nicht bewegliche Reize im Gesichtsfeld

15.3 Sehbahn und Perimetrie

Gesichtsfeldausfälle

Gesichtsfeld

Physiologisches Skotom

Ausprägungen

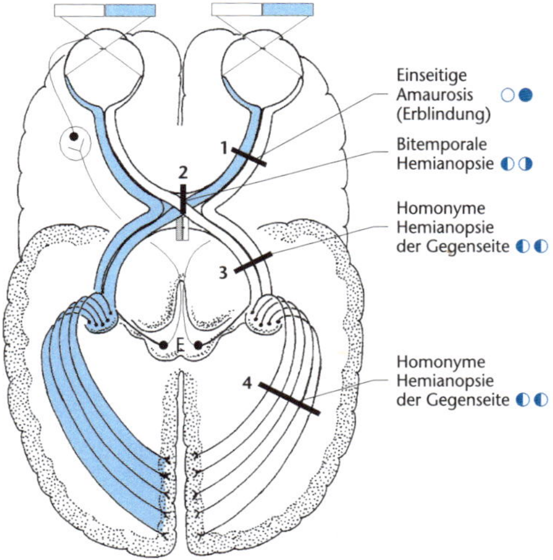

Abb. 15.8: Gesichtsfeldausfälle [1]

Gesichtsfeld

- Das Gesichtsfeld ist der Raumausschnitt, den man mit unbewegtem Auge und streng geradeaus gerichtetem Blick sehen kann.
- Das Gesichtsfeld für nichtfarbige Reize ist am größten, dagegen für Farben aufgrund der spezifischen Zapfenverteilung auf der Retina kleiner, wobei es für blau größer als für rot ist (rot $<$ blau $<$ weiß).

Physiologisches Skotom

Der Gesichtsfeldausfall (Skotom) 15° temporal des Fixationspunktes wird durch den rezeptorfreien Abgang des Nervus opticus hervorgerufen („blinder Fleck").

Ausprägungen

- monokulare Ausfälle → Läsion **vor** dem Chiasma (1)
- bitemporale, temporale und binasale Ausfälle → Läsionen **im** Chiasmabereich ⟹ bitemporale Hemianopsie (2)
- homonyme Ausfälle → Läsionen **hinter** dem Chiasma, im Bereich Tractus opticus, Corpus geniculatum laterale, Sehrinde ⟹ homonyme Hemianopsie (3, 4)

15.3 Sehbahn und Perimetrie

Augenbewegungen

- Sakkaden
- Nystagmus
- Optokinetischer Reflex
- Vestibulo-okulärer Reflex

Sakkaden	sprunghafte Augenbewegungen, die der Erfassung neuer Sehziele dienen und die Fokussierung eines Objekts auf der Fovea bewirken
Nystagmus	langsame Folgebewegungen in die eine Richtung mit anschließenden schnellen, entgegengesetzten, sakkadischen Rückstellbewegungen ☞ Der Nystagmus wird stets nach der Richtung der **schnellen Phase** benannt (nach links, nach rechts, upbeat, downbeat).
Optokinetischer Reflex	Dieser Reflex mit einem Wechsel von Sakkaden und Folgebewegungen dient der Stabilisierung sich bewegender Bilder (optischer Fluss) auf der Retina. Zunächst wird ein Punkt fixiert und verfolgt → kurz vor der Gesichtsfeldgrenze bewirkt eine entgegengesetzte Sakkade eine Fixation auf einen neuen Punkt → Kreislauf
Vestibulo-okulärer Reflex	• Stehende Bilder werden im visuellen System besser verarbeitet als bewegte Bilder. • Die Position des Bildes auf der Retina wird durch vestibulo-okuläre Reflexe möglichst beibehalten: Bogengänge registrieren Drehbewegungen des Kopfes ⟹ unbewusste, der Drehrichtung entgegengesetzte Rotation des Auges.

16.1 Psychophysikalische Grundlagen

Schall

Frequenz

Schalldruck

Schalldruckpegel (L)

Schallleistung

Frequenz

- Maß für die Anzahl von **Sinusschwingungen pro Zeit.** Einheit: Hertz (Hz)
- Tiefe und mittlere Frequenzen werden besser geleitet als hohe.
- Das jugendliche Ohr registriert Frequenzen zwischen **18 Hz und 20.000 Hz.**

Schalldruck

Maß für die Druckamplitude der Sinusschwingungen, die auf das Trommelfell treffen. Einheit: Pascal (Pa) = 1 N/m^2

Schalldruckpegel (L)

- Verhältnis des auftretenden Schalldrucks (P_x) zum Bezugsschalldruck (P_0): $\mathbf{L = \log_{10} \times p_x / p_0 \times 20}$
- Gemessen in Dezibel (dB) wird der Schalldruckpegel **logarithmisch** aufgetragen, da die subjektive Lautheitswahrnehmung linear mit dem Logarithmus des Schalldruckes ansteigt **(Weber-Fechner-Gesetz).**

☞ Eine Pegelzunahme (L) um 20 dB bedeutet somit eine Verzehnfachung des zugehörigen Schalldruckes, eine Zunahme um 40 dB den 100fachen Druck.

Schallleistung

= Schallintensität, wird in Watt/m^2 gemessen

☞ Eine Zunahme des Schalldruckes um den Faktor 10 geht mit einer Verhundertfachung der Schallleistung einher.

16.2 Äußeres Ohr und Mittelohr

Schalltransport und Trommelfell

Gehörknöchelchen

Ovales Fenster

Mittelohrmuskeln

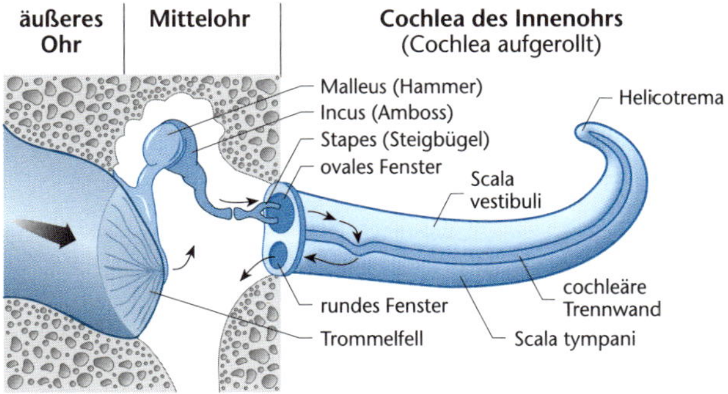

Abb. 16.1: Schematischer Aufbau des Ohres

Gehörknöchelchen

- Schallwellen → Ohrmuschel (Trichterfunktion) → luftgefüllter Gehörgang **(Luftleitung)** → **Trommelfell** → wird in Schwingungen versetzt
- Der Hammer **(Malleus)** ist fest mit dem Trommelfell verbunden und überträgt die Schallenergie zunächst auf den Amboss **(Incus)**, dann auf den Steigbügel **(Stapes)**.
- Die Gehörknöchelchen befinden sich im Mittelohr (Paukenhöhle) und sind gelenkig miteinander verbunden.
- Sie sind essentiell für die Impedanzanpassung (Schallwellenwiderstand) von Luft auf Innenohrflüssigkeit und **verringern Reflexionsverluste.**

Ovales Fenster

- Der Stapes ist fest in das **ovale Fenster** integriert, welches das luftführende Mittelohr vom flüssigkeitsgefüllten Innenohr abtrennt → **Schleusenfunktion.**
- Das **Flächenverhältnis** von Trommelfell zu ovalem Fenster erlaubt in mittleren Frequenzbereichen (2 kHz) eine Druckverstärkung um das 20fache ($P = F/A$ → Druck = Kraft/Fläche).

Mittelohrmuskeln

- Der M. tensor tympani (V) und der M. stapedius (VII) setzen an Malleus und Stapes an.
- Bei hohen Schalldruckpegeln kontrahieren sie sich, reduzieren die Spitzen der Schwingungsamplituden und wirken so **schalldämpfend.**

Anatomischer Aufbau des Hörorgans

Kochlea

Haarzellen

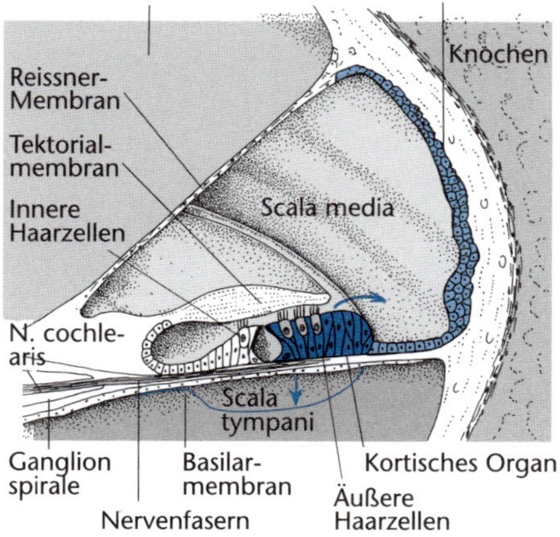

Abb. 16.2: Aufbau der Gehörschnecke [1]

Kochlea (Schnecke)

- gliedert sich in drei flüssigkeitsgefüllte Abschnitte:
  - Scala tympani und Scala vestibuli, gefüllt mit Perilymphe (Na^+ ↑)
  - **Scala media,** gefüllt mit **Endolymphe** (K^+ ↑). Ihren Boden bildet die **Basilarmembran,** darauf liegt das **Corti-Organ.**
- Zahlreiche Ionenpumpen im Bereich der **Stria vascularis** (bildet die Endolymphe) erhalten das **endokochleäre Potential** von + 80 mV aufrecht.

Haarzellen

Schallwelle → mechanische Auslenkung der Basilarmembran im Bereich der Haarzellen → Umwandlung in Generatorpotentiale **(Reiztransduktion)**

- **äußere Haarzellen:** ca. 12.000, dienen der Verstärkung der Wanderwelle, erzeugen also zusätzliche Schallenergie
- **innere Haarzellen:** ca. 3.500, eigentliche Sinneszellen

☞ Innere Haarzellen sind sekundäre Sinneszellen. (↗ Karte 168)

16.3 Innenohr

Kochlea-Funktion I

- Wanderwellentheorie
- Signaltransduktion

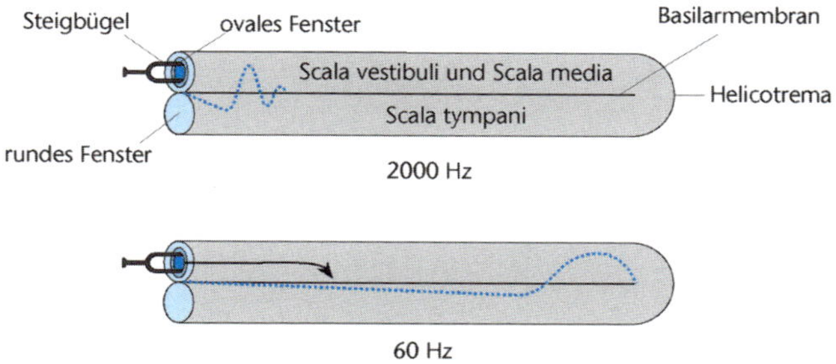

Abb. 16.3: Abgerolltes Modell der Kochlea: Hochfrequente Schallreize haben das Amplitudenmaximum ihrer Wanderwelle nahe dem ovalen Fenster [1]

Wanderwellentheorie

- Volumenverschiebungen im Perilymphraum wirken deformierend auf die mit Endolymphe gefüllte Scala media → die Basilarmembran gerät in Schwingung und erzeugt eine **Wanderwelle.**
- Laufrichtung entlang der Basilarmembran vom Stapes zum Helicotrema
- Jede Wanderwelle besitzt ein **frequenzabhängiges Amplitudenmaximum:** niedrige Frequenzen → größere Wanderstrecke, also Maximum nahe Helicotrema, hochfrequente Schwingungen → Maximum in Nähe des ovalen Fensters
- Die Elastizität der Basilarmembran nimmt Richtung Helicotrema kontinuierlich **zu** (→ Abnahme der Membransteife im Verhältnis 100:1 Richtung apikal, $v_{Wanderwelle}$ ↓)

☞ **Je höher die Ausgangsfrequenz, desto näher am ovalen Fenster** hat die Wanderwelle ihr Amplitudenmaximum (Frequenz-Orts-Transformation).

16.3 Innenohr

Kochlea-Funktion II

Signaltransduktion

Signaltransduktion

- Erregung der äußeren Haarzellen durch Schwingung der Basilarmembran
- Abscherung der Zilien → Öffnung von K^+-Kanälen → K^+-Einstrom aus Kaliumreicher Endolymphe → Depolarisation der äußeren Haarzelle → oszillierende Verkürzung der äußeren Haarzelle in vertikaler Richtung → Bewegung Tektorialmembran über angewachsene Zilien → Verstärkung der Wanderwelle lokal
- Im Bereich des Amplitudenmaximums werden die inneren Haarzellen maximal erregt: Abscherung der Zilien → Öffnung von K^+-Kanälen → K^+-Einstrom aus der kaliumreichen Endolymphe → Depolarisation der inneren Haarzelle → Freisetzung von Glutamat → Aktionspotentiale im Hörnerv

16.3 Innenohr

Hörbahn

Kortikales Projektionsfeld

Verlauf der Hörbahn

Kortikales Projektionsfeld

- **primäre Hörrinde:** Gyri temporales transversi (Area 41 oder Heschl'sche Querwindung)
- Die primäre Hörrinde ist eng mit sekundären auditorischen Rindenfeldern (Gedächtnis des Hörens) und tertiären auditorischen Arealen (Wernicke-Sprachzentrum) verschaltet.

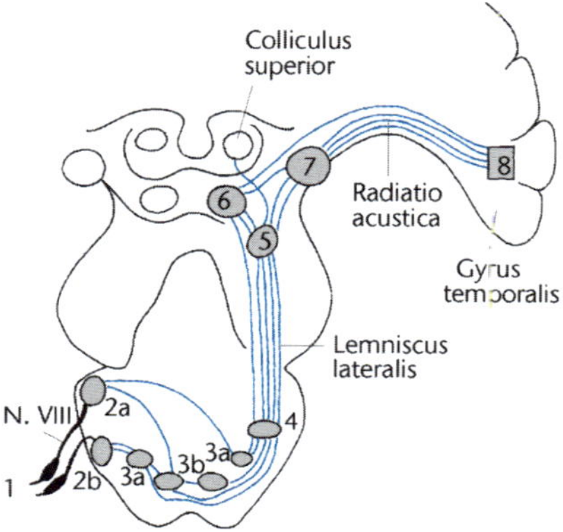

1 = Ganglion spirale; 2a = Ncl. cochlearis dorsalis; 2b = Ncl. cochlearis ventralis; 3a = Ncl. ventralis corporis trapezoidei; 3b = Ncl. dorsalis corporis trapezoidei; 4 = Ncl. olivaris superior; 5 = Ncl. lemnisci lateralis; 6 = Colliculus inferior; 7 = Corpus geniculatum mediale; 8 = primäre Hörrinde

Abb. 16.4: Verlauf der Hörbahn (vereinfacht) [1]

16.3 Innenohr

Vestibularapparat I

Maculaorgane

Sinnesepithelien

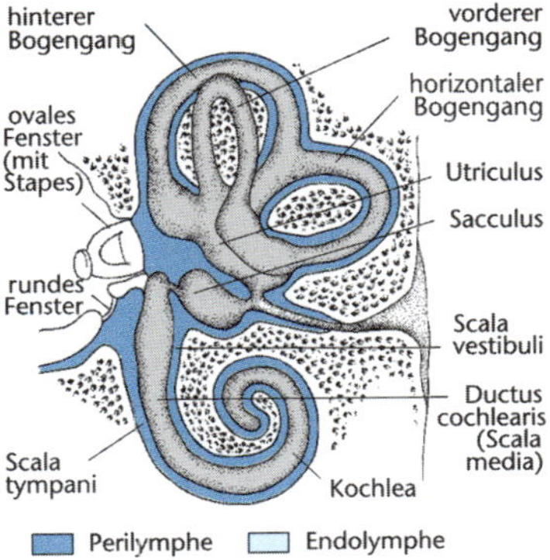

Abb. 16.5: Kochlea und Vestibularapparat [1]

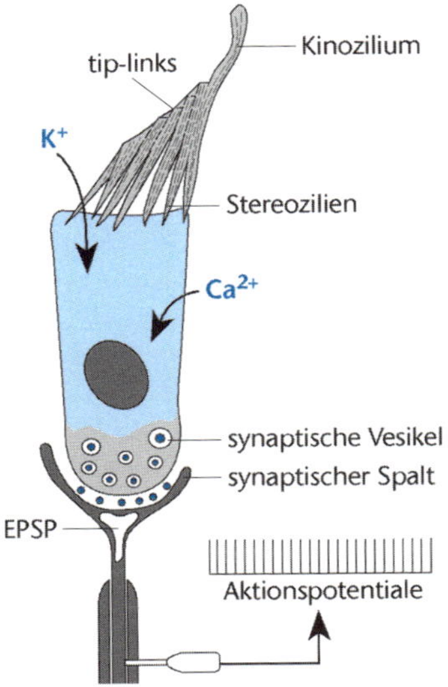

Abb. 16.6: Reiztransduktion am Sinnesepithel [1]

Maculaorgane

- **Sacculus** (vertikal ausgerichtet) und **Utriculus** (horizontal ausgerichtet) bilden mit ihren Sinnesepithelien den Statolithenapparat. Den Stereozilien liegt die gallertige, durch Kalkeinlagerungen verdichtete **Otolithenmembran** auf.
- Otolithenmembran physikalisch dichter als Endolymphe ⟹ Auslenkung der Haarzellen bei Beschleunigungsbewegung

☞ Der adäquate Reiz für die **Maculaorgane** sind **Translationsbeschleunigungen** (= Linearbeschleunigungen, z. B. Erdanziehung).

Sinnesepithelien

- Haarzelle (bei Macula- und Bogengangsorganen ähnlich): ein langes **Kinozilium**, ca. 50 umgebende **Stereozilien.**
- Es ist immer eine gewisse Ruheaktivität zu beobachten.
- „**Tip-Links**" (Eiweißfäden): verbinden die Stereozilien untereinander, vermitteln bei adäquatem Reiz eine **koordinierte Scherung der Stereozilien auf das Kinozilium hin** ⟹ Öffnung von K^+-Kanälen → Depolarisation der Sinneszelle → Ca^{2+}-Einstrom (Exocytosesignal) vermittelt Freisetzung von **Glutamat** in den synaptischen Spalt → EPSPs → **AP-Frequenz** im N. vestibularis ↑
- Auslenkung der Stereozilien vom Kinozilium weg bewirkt den gegenteiligen Effekt: Hyperpolarisation der Haarzelle, Aktionspotentialfrequenz im N. vestibularis ↓

16.3 Innenohr

Vestibularapparat II

Ductus semicirculares

Drehbewegungen

Ductus semicirculares

- Die **drei Bogengänge** stehen annähernd senkrecht aufeinander, jeder Bogengang repräsentiert also eine Bewegungsachse im dreidimensionalen System.
- Sinnesepithel: Haarzellen, bedeckt von der gallertigen, kristallfreien **Cupula**
- Dichte von Cupula und Endolymphe vergleichbar ⟹ Cupulaorgane sind für Translationsbeschleunigungen unempfindlich.

☞ **Winkelbeschleunigungen** (= Drehbeschleunigungen) führen durch die Trägheitsströmung der Endolymphe zu einer Auslenkung der Cupula.

Drehbewegungen

- Die Sinnesepithelien der Bogengänge weisen **gegenläufige Entladungsmuster** auf: Kommt es zu einer Winkelbewegung, biegen sich die Zilien des einen Bogengangssystems zum Kinozilium hin → **Depolarisation.** Die Zilien des gegenüberliegenden Vestibularapparats werden dagegen vom Kinozilium weggelenkt → **Hyperpolarisation.** Eine Bewegung in die gegensinnige Richtung wird genau das umgekehrte Phänomen hervorrufen.
- Bei andauernder Rotation, konstante Drehgeschwindigkeit vorausgesetzt, sinken die Beschleunigungskräfte und somit auch die Entladungsraten der Haarzellen auf ihren Ruhewert zurück; Negativbeschleunigungen (Abbremsen der Drehung) bewirken eine Reduktion der Entladungsrate unter den Ruhewert.

16.3 Innenohr

Nystagmus

Rotatorischer Nystagmus

Kalorischer Nystagmus

Rotatorischer Nystagmus

- Eine Drehbewegung, z.B. im Drehsessel, löst durch die Trägheit der Endolymphe im Bogengangsystem eine **langsame Augenbewegung entgegen der Drehbewegung** aus.
- Die Nystagmusrichtung wird allerdings nach der Richtung der **schnellen Rückstellsakkade** benannt, sie ist also **identisch mit der anfänglichen Drehrichtung.** Längeres konstantes Drehen reduziert die Endolymphbewegungen, der Nystagmus verschwindet.
- Beim Abstoppen (negative Beschleunigung) der Drehung beobachtet man einen **postrotatorischen Nystagmus entgegengesetzt zur Drehrichtung**.

Kalorischer Nystagmus

Spülung eines der beiden Gehörgänge → temperaturabhängige Endolymphströmung → Nystagmus

- **warmes** Wasser (44 °C, nicht 37 °C = physiologische Körpertemperatur): Nystagmus **zur gereizten Seite hin**
- kaltes Wasser: Nystagmus von der gereizten Seite weg

☞ kalorischer Nystagmus: Kälte meidend, aber Wärme suchend

16.4 Audiometrie

Hörfeld

- Hörschwelle
- Lautstärkepegel
- Sone-Skala
- Unterschiedsschwelle
- Schmerzschwelle
- Lärmschwerhörigkeit und Presbyakusis

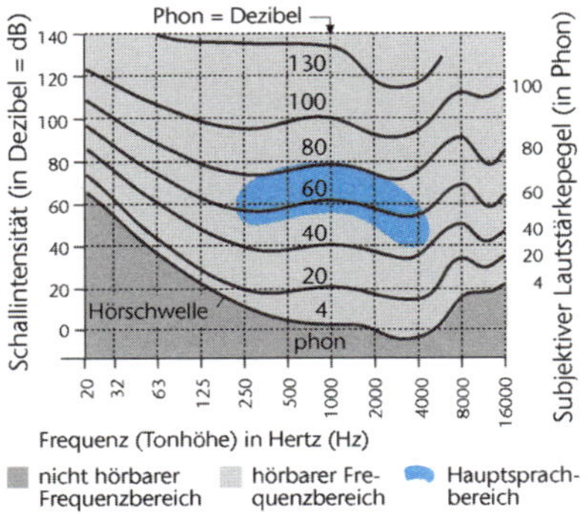

Abb. 16.7 Hörfeld [1]

Hörschwelle
- Frequenz, bei der gerade eben noch ein Ton wahrgenommen werden kann.
- Sprachbereich: **2000–5000 Hz,** Ohr ist am empfindlichsten (absolutes Empfindlichkeitsmaximum bei 4 kHz); in anderen Frequenzbereichen ist ein höherer Schalldruckpegel nötig.

Lautstärkepegel
- Maß für die subjektive Lautheitsempfindung, gemessen in **Phon**
- bei 1 kHz Deckungsgleichheit mit der Dezibel-Skala
- **Isophone:** Orte gleicher Lautheitsempfindung bei verschiedenen Frequenzen; Null-Isophone bezeichnen die Hörschwelle.

Sone-Skala
- Maß für die vergleichende Lautheit eines Tons (2-mal so laut, 4-mal so laut wie … etc.)
- 1 sone entspricht definitionsgemäß 40 Phon bei 1000 Hz

Unterschiedsschwelle
eben noch wahrnehmbar: 1 dB Unterschied an Intensität und 1,0–0,3 % Unterschied an Frequenz (in Bereichen um 1000 Hz)

Schmerzschwelle
ab 130 Phon bzw. ab Frequenzen von mehr als 20 kHz → Schmerzempfinden

Lärmschwerhörigkeit und Presbyakusis
Hörschwelle ↑, höhere Pegel zur Schallempfindung nötig, Verlust dabei am stärksten und höchsten im Hochfrequenzbereich.

Hörtests

Rinne-Versuch

Weber-Versuch

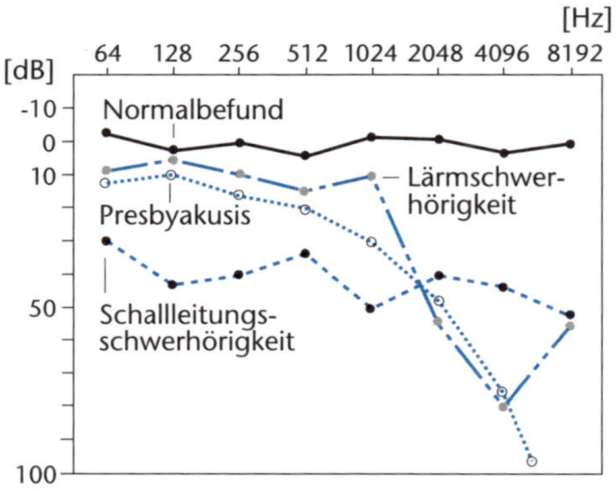

Abb. 16.8: Audiogramme bei Luftleitung [1]

Rinne-Versuch

- dient der Diagnose von **Mittelohrerkrankungen** (→ Störung der Luftleitung)
- Eine Stimmgabel wird angeschlagen und auf das Mastoid gesetzt. Ist der Ton verklungen (über Knochenleitung), wird die Gabel vor den Gehörgang gehalten.
  - Beim Gesunden wird der Ton über Luftleitung wieder hörbar (Rinne-positiv),
  - beim Erkrankten nicht (Rinne-negativ).

Weber-Versuch

- dient der Differentialdiagnose **Innenohrschaden** (Wahrnehmungsstörungen) **versus Mittelohrschaden** (Schallleitungsstörungen)
- Eine angeschlagene Stimmgabel wird in der Medianlinie auf dem Schädel aufgesetzt.
  - beim Gesunden: Ton wird mittig wahrgenommen
  - **Mittelohrerkrankung:** Ton wird auf der **erkrankten Seite lauter** wahrgenommen (= lateralisiert)
  - Innenohrschaden: Ton wird auf der gesunden Seite lauter wahrgenommen

17.1 Geschmack

!

Geschmackssensoren

Lokalisation

Eigenschaften

Lokalisation

Verbände aus **Geschmacksknospen** (= funktionelle Einheit aus ca. 50 Sinnes- und Stützzellen) bilden die **Geschmackspapillen:**

- Papillae vallatae (Zungengrund)
- Papillae foliatae (hinterer Zungenrand)
- Papillae fungiformes (Zungenrand, Zungenspitze)

Die Papillae filiformes enthalten keine Geschmackszellen.

Eigenschaften

- sekundäre Sinneszellen
- Lebensdauer ca. 10 Tage
- ein Sensor reagiert meist auf verschiedene Geschmacksqualitäten
- ausgeprägtes Adaptionsverhalten

17.1 Geschmack

Signaltransduktion

Geschmacksqualitäten „süß“, „bitter“ und „umami“

Geschmacksqualität „sauer“

Geschmacksqualität „salzig“

Geschmacksqualität „scharf“

Geschmacksqualitäten „süß", „bitter" und „umami"

- Süßstoffe (z. B. Zucker), Bitterstoffe (z. B. Chinin), Aminosäuren (insbes. Glutamat, jap. umami = wohlschmeckend) ⟹ Bindung an bestimmte G-Protein-gekoppelte Rezeptoren (s. u.) auf der Sinneszelle ⟹ IP_3-Kaskade ⟹ Ca^{2+}-Freisetzung aus intrazellulären Speichern ⟹ Öffnung von TRPM5-Kanälen (Transient receptor potential cation channel, subfamily M, member 5) ⟹ Depolarisation
- G-Protein-gekoppelte Rezeptoren aus der Familie der „Taste"-Rezeptoren:
  - 3 T1-Rezeptoren (T1R1, T1R2, T1R3), rund 30 T2-Rezeptoren (T2Rs)
  - Heterodimer T1R2+T1R3: Süßrezeptor, Heterodimer T1R1+T1R3: Umami-Rezeptor
  - T2-Rezeptoren: Bitterstoffrezeptoren (besonders niedrige Schwelle ⟹ Warnfunktion des Bittergeschmacks)
- spezielles G-Protein: Gustducin

Geschmacksqualität „sauer"

diskutierte Mechanismen:

- H^+-Ionen (aus Säuren) ⟹ direkte Blockade apikaler K^+-Kanäle ⟹ Depolarisation
- Transmembranprotein PKD2L1 (Familie der Polycystic-kidney-disease-like-Ionenkanäle) als „Sauerrezeptor"

Geschmacksqualität „salzig"

erhöhte extrazelluläre Na^+-Konzentration (z. B. aus Kochsalzlösung) ⟹ Einstrom von Na^+ über epithelialen Na^+-Kanal ⟹ Depolarisation

Geschmacksqualität „scharf"

Wahrnehmung über freie Nervenendigungen des N. trigeminus

17.1 Geschmack

Geschmacksbahn

Sensorische Versorgung der Zunge

Stationen der Geschmacksbahn

Sensorische Versorgung der Zunge

- **N. facialis:** vordere 2/3 der Zunge (v. a. süß, salzig, sauer)
- **N. glossopharyngeus:** hinteres Drittel der Zunge (v. a. bitter)

Stationen der Geschmacksbahn

- 1. Neuron: Ganglien des N. facialis bzw. N. glossopharyngeus
- 2. Neuron: Nucleus tractus solitarii
- 3. Neuron: insulärer Kortex

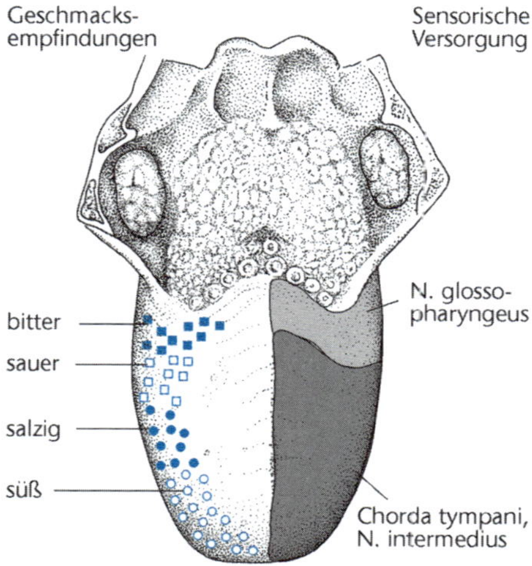

Abb. 17.1: Regionale Empfindlichkeitsmaxima für die verschiedenen Geschmacksqualitäten (links). Sensorische Innervation (rechts) [1]

17.2 Geruch

Geruchssensoren

Lokalisation

Eigenschaften

Signaltransduktion

Lokalisation

Riechepithel der **Regio olfactoria** (ca. 5 cm^2 großes Areal im Bereich der oberen, teils auch mittleren Nasenmuschel)

Eigenschaften

- primäre Sinneszellen
- Lebensdauer ca. 60 Tage
- ausgeprägtes Adaptionsverhalten
- hohe Empfindlichkeit (niedrige Schwelle)

Signaltransduktion

Bindung eines Moleküls an den Sensor ⟹ Aktivierung eines G-Proteins (der Mensch besitzt rund 350 verschiedene olfaktorische Rezeptoren mit unterschiedlichem Ligandenspektrum) ⟹ Öffnung von Ionenkanälen über cAMP- oder IP_3-Kaskade ⟹ Depolarisation ⟹ Aktionspotential

17.2 Geruch

Geruchsbahn

Stationen der Geruchsbahn

- **Keine** Repräsentanz des Geruchssinns im Neokortex!
- Die Geruchsbahn hat Verbindungen zum Hypothalamus (→ vegetatives Nervensystem), zum Thalamus (→ bewusste Wahrnehmung), zum limbischen System (→ Affektlage) und zur Formatio reticularis (→ Aktivierungszustand).

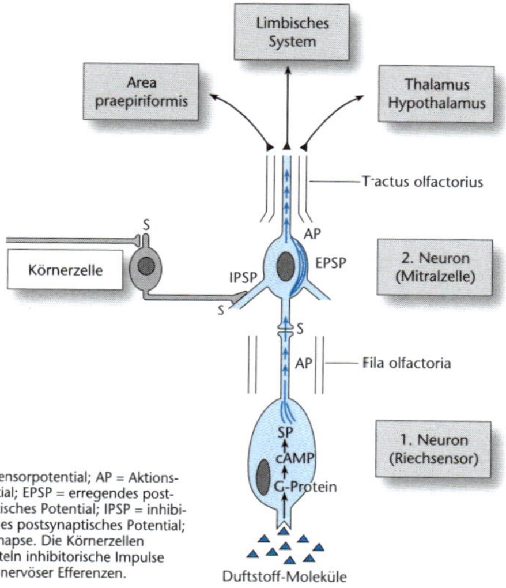

SP = Sensorpotential; AP = Aktionspotential; EPSP = erregendes postsynaptisches Potential; IPSP = inhibitorisches postsynaptisches Potential; S = Synapse. Die Körnerzellen vermitteln inhibitorische Impulse zentralnervöser Efferenzen.

Abb. 17.2: Stationen der Geruchsbahn [1]

18.1 Organisation des Kortex

Areale der Hirnrinde

Motorische, sensorische und assoziative Areale

Zytoarchitektonische Felder nach Brodmann

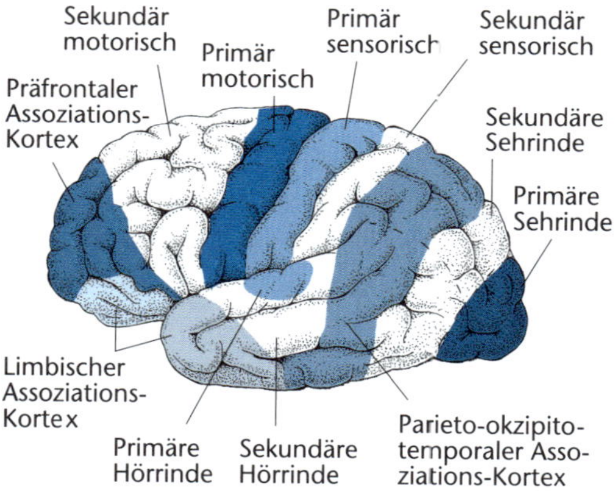

Abb. 18.1: Hirnrinde mit motorischen, sensorischen und assoziativen Arealen [1]

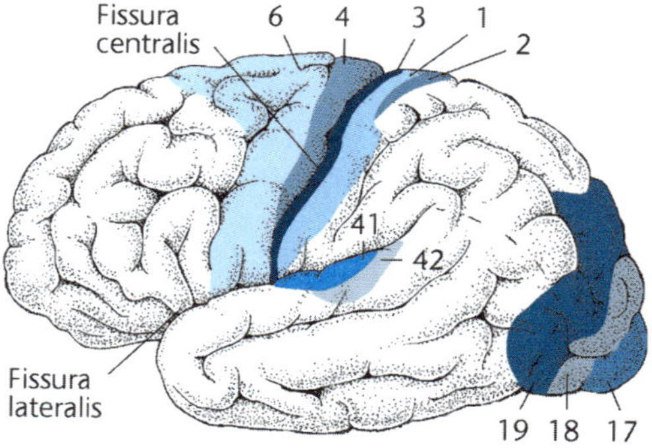

Abb. 18.2: Zytoarchitektonische Felder nach Brodmann [1]

Wichtige Areale

- **Area 3, 1, 2:** primäre (Gyrus postcentralis) und sekundäre **sensorische** Felder
- **Area 4, 6:** primäre (Gyrus praecentralis) und sekundäre **motorische** Felder
- **Area 17:** primäres Sehzentrum (Area striata, Sulcus calcarinus)
- **Area 44, 45: motorisches** Sprachzentrum (Broca, Gyrus frontalis inf.)
- **Area 22: sensorisches** Sprachzentrum (Wernicke), in enger Nachbarschaft der primären Hörrinde (Gyri temporales transversi)

18.1 Organisation des Kortex

Leistungen der Assoziationsfelder

Präfrontaler Kortex

Parieto-temporo-okzipitaler Kortex

Limbischer Kortex

Präfrontaler Kortex

- Erstellung komplexer Bewegungen
- Verarbeitung motorischer Informationen aus dem parieto-temporo-okzipitalen Kortex
- Erstellung von Bewegungsmustern für Sprache (Broca-Sprachzentrum), Koordination von Sprachmuskeln (Zungen-, Kehlkopf-, Atemmuskeln)
- Entwicklung von komplexen Gedankengängen

Parieto-temporo-okzipitaler Kortex

- Analyse visueller, motorischer und sensorischer Informationen aus dem ganzen Körper
- Kontrolle von Körperbewegungen und Körperstellung
- Sprachverständnis (Wernicke-Sprachzentrum)
- Benennung von Gegenständen
- **Schädigung:** Neglect der kontralateralen Körperseite

Limbischer Kortex

- Emotionen und Affekte, Motivation und Triebstrukturen
- Gedächtnisleistungen

18.1 Organisation des Kortex

Bauelemente kortikaler Schaltkreise

Aufbau des Neokortex

Transmittersubstanzen

Funktionelle Module

Aufbau des Neokortex (von außen nach innen)

1. Molekularschicht	faserreich, zellarm
2. Äußere Körnerschicht	dicht liegende kleine Neurone, kleine Pyramidenzellen
3. Äußere Pyramidenschicht	mittelgroße Pyramidenzellen
4. Innere Körnerschicht	Sternzellen (verschieden große Neurone)
5. Innere Pyramidenschicht	mittlere und große Pyramidenzellen, Betz-Riesenpyramidenzellen im Gyrus praecentralis mit langen Dendriten zur Molekularschicht
6. Spindelzellschicht	spindelförmige Zellen

Transmittersubstanzen Glutamat, Aspartat, GABA, Noradrenalin, Dopamin, Acetylcholin, Neuropeptide (z. B. VIP, CCK)

Funktionelle Module Benachbarte Neurone sind für die Funktionen **eines** Organs, Rezeptors oder Muskels zuständig und in **kortikalen Säulen** oder Modulen angeordnet, welche jeweils eine spezifische Aufgabe wahrnehmen.

18.1 Organisation des Kortex

Eingänge des Kortex

Kortikale Afferenzen

Thalamo-kortikale Bahnen

Kortikale Afferenzen

- fast alle **sensorischen Afferenzen**, die den Kortex erreichen, werden vorher im Thalamus umgeschaltet (Ausnahme: Geruch) → thalamokortikale Bahnen
- Afferenzen des extrapyramidalen und zerebellären Regelkreises

Thalamokortikale Bahnen

- **spezifische Bahnen** (↗ Tab. unten)
- **unspezifische Bahnen** (Projektionen von unspezifischen Thalamuskernen, die nicht umschriebenen Kortexarealen zugeordnet werden können, z. B. Schlaf-wach-Rhythmus, Blutdruckreaktionen, Schutzreflexe, vegetative Körperfunktionen)

Spezifische Thalamuskerne: Systeme, afferente Bahnen und zugeordnete kortikale Areale

System	Spezifischer Thalamuskern	Afferente Bahn	Kortikales Zielgebiet
Somatosensorisches System	Ventrobasalkern	Lemniscus medialis	Gyrus postcentralis
Auditorisches System	Corpus geniculatum mediale	Lemniscus lateralis	Gyri temporales transversi
Visuelles System	Corpus geniculatum laterale	Tractus opticus	Area striata

18.1 Organisation des Kortex

Ausgänge des Kortex (kortikale Efferenzen)

Projektionsfasern

Assoziationsfasern

Kommissurenfasern

Projektionsfasern

- Projektionsfasern verbinden den Kortex mit anderen Hirnteilen oder dem Rückenmark.
- Bsp.: Tractus corticospinalis

Assoziationsfasern

- Assoziationsfasern verbinden verschiedene kortikale Areale derselben Hemisphäre.
- Bsp.: Fasciculus longitudinalis sup.

Kommissurenfasern

- Kommissurenfasern verbinden homologe Zentren der rechten und linken Hemisphäre.
- Bsp.: Corpus callosum

18.1 Organisation des Kortex

Kortikale Asymmetrie

Bedeutung

Beispiele

Split-brain-Patienten

Bedeutung

- **Dominanz einer Hemisphäre** bei bestimmten Funktionen ⟹ Lateralisation von Funktionen
- stärkere Entwicklung der entsprechenden Zentren in der dominanten Hemisphäre

Beispiele

- **Händigkeit** (Rechts-/Linkshänder)
- **Sprache**; bei über 90 % der Menschen:
  - linke Hemisphäre für die Sprachfunktion dominant: elementare Sprechfunktionen (Broca-, Wernicke-Zentrum)
  - rechte Hemisphäre: emotionale Dynamik (Prosodie) der Sprache

Split-brain-Patienten

- Zustand nach Durchtrennung des Corpus callosum (früher bei Epilepsiepatienten durchgeführt)
- Klinik: Unfähigkeit, Gegenstände zu **benennen**, die der nicht-dominanten Hemisphäre dargeboten werden (z. B. bei dominanter linker Hemisphäre: Gegenstand im linken Gesichtsfeld → rechte Retinahälfte → rechte Hemisphäre); diese können nur mit der Hand „**umschrieben**" werden.

18.2 EEG, Schlaf und Bewusstsein

EEG-Ableitung

- ECoG und EEG
- Physiologisches Korrelat der abgeleiteten Potentiale
- Entstehung der abgeleiteten Potentiale
- Uni- und bipolare EEG-Ableitung

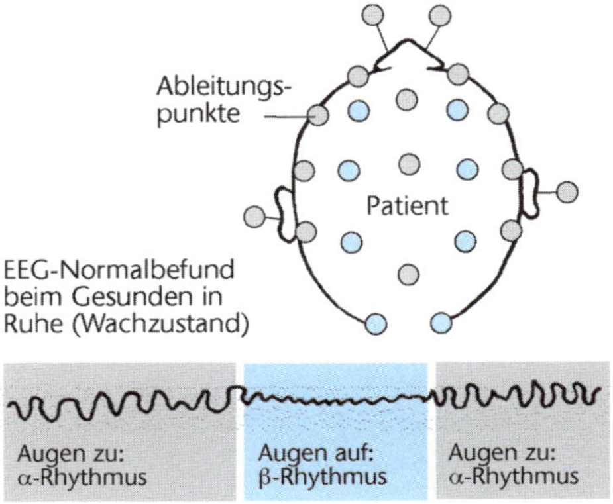

Abb. 18.3: Normales EEG eines ruhenden, wachen Erwachsenen [1]

ECoG und EEG

- Elektrocorticogramm (ECoG): direkte Ableitung der elektrischen Aktivität des Kortex auf der Hirnoberfläche (nur experimentell und intraoperativ eingesetzt)
- Elektroenzephalogramm (EEG): Ableitung über der Kopfhaut (elektrischer Widerstand der Kopfhaut ⟹ Amplitude des EEG nur 1/10 des ECoG)

Physiologisches Korrelat der abgeleiteten Potentiale

- EPSPs und IPSPs (vor allem der Pyramidenzellen)
- **keine** Ableitung von Aktionspotentialen!

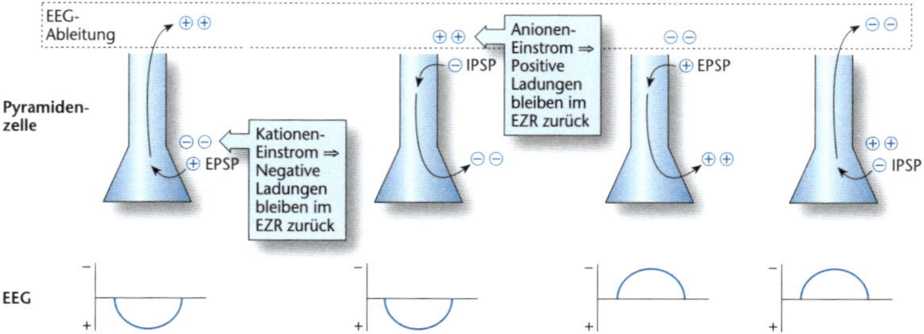

Abb. 18.4: Entstehung der abgeleiteten Potentiale [6]

Uni- und bipolare EEG-Ableitung

- **unipolar:** differente Elektrode (Ableitungselektrode) auf der Kopfhaut, indifferente Elektrode (Referenzelektrode) z. B. am Ohr
- **bipolar:** zwei differente Elektroden auf der Kopfhaut

Rhythmen im EEG

- α-Wellen
- β-Wellen
- ϑ-Wellen
- δ-Wellen
- γ-Wellen

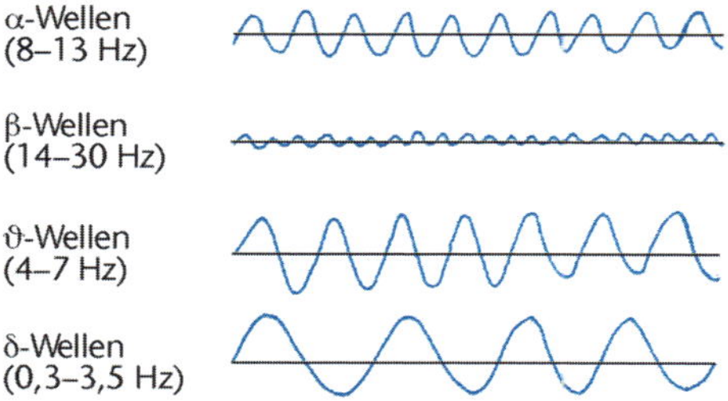

Abb. 18.5: EEG-Wellenformen beim Gesunden [1]

Charakteristika der verschiedenen EEG-Wellen

Rhythmus	Frequenz (Hz)	Amplitude (μV)	Bewusstseinslage
α-Wellen	8–12	40–90	wach-entspannt, Augen geschlossen
β-Wellen	13–30	10	aufmerksamer Wachzustand, Augen offen
ϑ-Wellen	5–7	40–150	Übergang vom Wach- zum Schlafzustand
δ-Wellen	0,5–4	< 200	Tiefschlaf
γ-Wellen	35–45	< 1	Lernvorgänge

Schlaf

Schlafstadien

REM-Schlaf

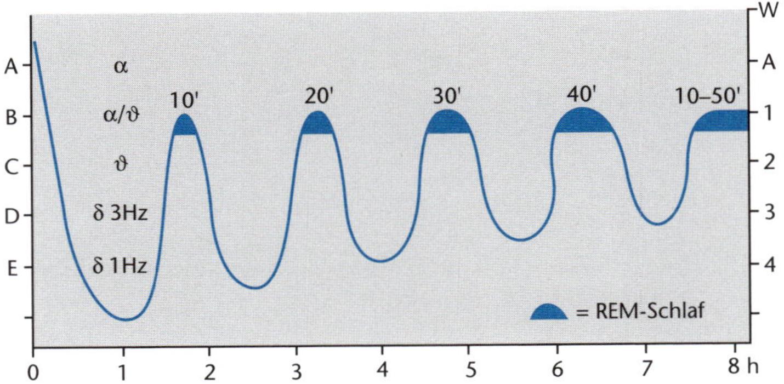

Abb. 18.6: Schlafstadien im Verlauf einer Nacht [1]

Charakteristika der Schlafstadien

Stadium	Bedeutung	EEG
A	Übergang Wachsein → Einschlafen	Auflösung der α-Wellen, Auftreten von ϑ-Wellen
B (1)	Übergang Einschlafen → leichter Schlaf	reine ϑ-Wellen
C (2)	leichter Schlaf	Vertexzacken, Schlafspindeln, K-Komplexe
D (3)	mitteltiefer Schlaf	hochfrequente δ-Wellen (3 Hz)
E (4)	Tiefschlaf	niederfrequente δ-Wellen (1 Hz)

REM-Schlaf

- „**Paradoxer Schlaf**": EEG ähnlich dem Wach- oder Einschlafzustand, aber hohe Weckschwelle und niedriger Muskeltonus wie im Tiefschlaf. Charakteristisch sind schnelle Augenbewegungen (**R**apid **E**ye **M**ovements).
- hohe Traumaktivität
- häufig Penis- bzw. Klitoriserektionen
- Zunahme des REM-Schlaf-Anteils im Laufe einer Nacht, Abnahme des REM-Schlaf-Anteils am Gesamtschlaf im Laufe des Lebens

18.2 EEG, Schlaf und Bewusstsein

EEG-Diagnostik

Beurteilungsparameter

Epilepsiediagnostik

Beurteilungsparameter

- Frequenz, Amplitude, Form, Ausbreitung und Lage der Wellen
- Abweichungen vom Normalbild z. B. bei Hirntumoren, Durchblutungsstörungen, Epilepsie
- ϑ- und δ-Wellen im Wachzustand sind bei Kindern noch normal, beim Erwachsenen nicht mehr!

Epilepsiediagnostik

- **„spikes"** (Spitzenpotentiale, massive summierte EPSPs), z. B. bei Grand mal-Epilepsie
- **„Spike-and-wave"-Komplexe** (massive summierte EPSPs mit darauf folgenden IPSPs), z. B. bei Petit-mal-Anfall, Absence-Epilesien

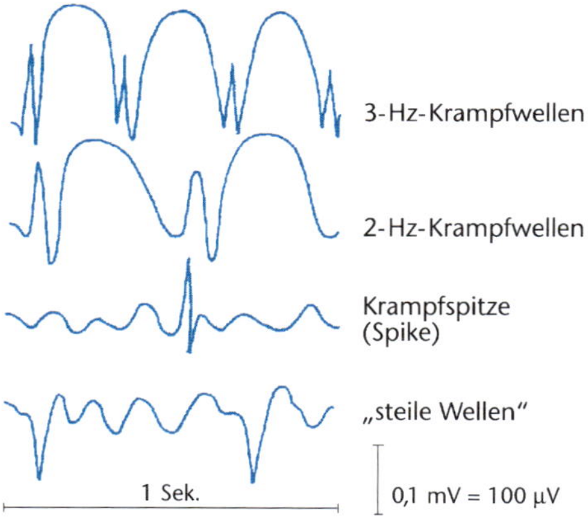

Abb. 18.7: Krampfpotentiale [1]

18.2 EEG, Schlaf und Bewusstsein

Spezielle Potentialtypen

Bereitschaftspotential

Evozierte Potentiale

Bereitschaftspotential

- ca. 1 s vor dem Beginn einer Bewegung beidseitig ableitbar, v. a. im supplementär-motorischen Kortex (Area 6) und über dem Vertex
- 50–100 ms vor der geplanten Bewegung folgt ein **Motorpotential** im Bereich des Gyrus praecentralis (Area 4) auf der kontralateralen Seite.

Evozierte Potentiale

- Potentialschwankungen durch Reizung peripherer Rezeptoren oder anderer sensorischer Strukturen
- sehr kleine Amplitude ⟹ Sichtbarmachung mit Summationstechnik (Averaging)
- Bsp.: somatosensibel evozierte Potentiale (SEP):
  - **primäre Antwort:** registrierbar über den somatotopisch zugeordneten Bereichen des Gyrus postcentralis (z. B. Reizung des N. medianus → Handrepräsentation im Kortex); Latenz ca. 15 ms
  - **sekundäre Antwort:** generalisiert ableitbar, Ausdruck der komplexen Reizverarbeitung; Latenz ca. 70 ms
- objektive Überprüfung zentraler und peripherer Leitungsbahnen (Kinder, bewusstlose oder unkooperative Patienten, Simulanten), Verlaufskontrolle von Entmarkungserkrankungen (Latenz der Antworten), Erstellung von Hirnkarten (somatotope Gliederung)

18.2 EEG, Schlaf und Bewusstsein

Aktivation und Bewusstsein

ARAS (aufsteigendes retikuläres aktivierendes System)

Stufen der Bewusstseinstrübungen

ARAS

- System cholinerger Neurone in der Formatio reticularis, das durch verschiedene sensorische Afferenzen angeregt wird und daraufhin die Großhirnrinde aktiviert
- bestimmt mit anderen Systemen der Formatio reticularis den Aktivierungs- und Bewusstseinszustand (Vigilanzerhöhung, selektive Aufmerksamkeit, Orientierungsreaktion)
- Bsp.: Blockade des α-Rhythmus im EEG (wach, entspannt, geschlossene Augen) beim Öffnen der Augen $\rightarrow$ β-Rhythmus
- Allgemeinanästhetika (z. B. Barbiturate) hemmen das ARAS

Stufen der Bewusstseinstrübung

(1) **Benommenheit:** Verlangsamung von Denk- und Gedächtnisleistungen sowie der Reaktionsfähigkeit
(2) **Somnolenz:** „Schläfrigkeit", Orientierung erschwert, Vigilanzniveau niedrig, aber noch anhebbar
(3) **Sopor:** schwere Bewusstseinstrübung, nur noch Reaktion z. B. auf Schmerzreize (Kneifen in die Mamille)
(4) **Präkoma:** Kontaktfähigkeit zur Umwelt aufgehoben, auf starke Reize nur unkoordinierte Reaktionen
(5) **Koma:** Endstadium der Bewusstseinstrübung, Reaktionslosigkeit, Areflexie

18.3 Lernen und Gedächtnis

Lernen

- Habituation
- Adaption
- Sensitivierung
- Assoziative Lernvorgänge
- Nicht-assoziative Lernvorgänge

Habituation	„Gewöhnung“ des Organismus an einen bestimmten Reiz bei dessen wiederholter Darbietung $\Longrightarrow$ Abschwächung des Orientierungsverhaltens, das bei einem neuen, unerwarteten Reiz auftritt (z. B. EEG-Desynchronisation)
Adaption	Erhöhung der Reizschwelle eines Sinnesorgans bei kontinuierlicher Reizung (z. B. Geschmackssinn)
Sensitivierung	Umkehrung der Habituation: Erniedrigung der Reizschwelle
Assoziative Lernvorgänge	• klassische Konditionierung („passives“ Lernen durch Reizassoziation) • operante Konditionierung („aktives“ Lernen durch Belohnung und Bestrafung) • Speicherung im Verhaltensgedächtnis **(prozedurales = implizites Gedächtnis)**, von subkortikalen Hirngebieten gesteuert
Nicht-assoziative Lernvorgänge	• kognitives Lernen • Speicherung im Wissensgedächtnis **(deklaratives = explizites Gedächtnis)**, an die Intaktheit des Hippocampus gebunden

18.3 Lernen und Gedächtnis

Gedächtnis

- Sensorisches Gedächtnis
- Primäres Gedächtnis
- Sekundäres Gedächtnis
- Tertiäres Gedächtnis

	Sensorisches Gedächtnis	Primäres Gedächtnis (Kurzzeitgedächtnis)	Sekundäres Gedächtnis (Arbeitszeitgedächtnis)	Tertiäres Gedächtnis (Langzeitgedächtnis)
Kapazität	entsprechend der vom Rezeptor übertragenen Information	gering	sehr groß	sehr groß
Verweildauer	< 1 Sekunde	mehrere Sekunden	Minuten bis Jahre	dauerhaft
Aufnahmebedingungen	automatisch mit jeder Reizaufnahme	Aufmerksamkeit	Üben, Wiederholen	häufiges Üben, Wiederholen
Informationsart	Sinnesreize	7 ± 2 Elemente	alle Formen	alle Formen
Mechanismus des Vergessens	Verblassen, aktives Auslöschen	neue Information überschreibt alte Information	pro- und retroaktive Hemmung	kein Vergessen (?)

Gedächtnisstörungen

Anterograde Amnesie

Retrograde Amnesie

Anterograde Amnesie

- Unfähigkeit, Informationen aus dem primären in das sekundäre Gedächtnis zu übertragen ⟹ kein Behalten neuer Informationen **nach** Beginn der Gedächtnisstörung
- Intaktheit des sekundären und tertiären Gedächtnisses ⟹ Informationen aus der Zeit vor der Schädigung noch abrufbar
- Pathogenese:
  - Schädel-Hirn-Trauma
  - Läsion des Hippocampus
  - chronischer Alkoholismus

Retrograde Amnesie

- primäres und oft auch sekundäres Gedächtnis betroffen ⟹ keine Erinnerung an Geschehnisse Sekunden bis Minuten oder Wochen **vor** der Schädigung
- Informationen des primäres Gedächtnisses bleiben verloren, die des sekundären können wiederkehren.
- Pathogenese:
  - Commotio cerebri, Schädel-Hirn-Trauma
  - Apoplex
  - nach Narkosen

18.3 Lernen und Gedächtnis

Neuronale Grundlagen von Lernen und Gedächtnis

Potenzierung

Depression

Potenzierung

- Die AP-Frequenz „lernfähiger" Synapsen **(Hebb-Synapsen)** steigt bei wiederholter Aktivierung.
- Elektrophysiologisches Korrelat von Lernprozessen ist die **Langzeitpotenzierung** an glutamatergen Synapsen (z. B. Pyramidenzellen des Hippocampus, nozizeptive Neurone des Rückenmarks). Man unterscheidet zwei Typen von Glutamat-Rezeptoren, die jeweils bestimmte Ionenkanäle kontrollieren: **AMPA/Kainat-Rezeptoren** und **NMDA-Rezeptoren:**
  - **Einzelne Impulse** an der Synapse öffnen nur die von den AMPA/Kainat-Rezeptoren kontrollierten Ionenkanäle; die Kanäle der NMDA-Rezeptoren sind durch Mg^{2+}-Ionen blockiert ⟹ relativ niedrige EPSPs
  - **Wiederholte Impulssalven** ⟹ stärkeren Depolarisation der Zelle ⟹ Verdrängung der Mg^{2+}-Ionen aus den NMDA-Kanälen ⟹ Ioneneinstrom in die Zelle ⟹ Aktivierung von intrazellulären Enzymsystemen durch Ca^{2+}-Ionen und Bildung von NO, das die präsynaptische Glutamat-Freisetzung stimuliert ⟹ dauerhafte Steigerung (Stunden bis Wochen) der Empfindlichkeit für synaptisch vermittelte Impulse

Depression

analoge **Langzeitdepression** „unwichtiger" synaptischer Verschaltungen (Korrelat des Vergessens)

Maßeinheiten

Definition

Seit 1954 laufen weltweit Bemühungen, für alle Messgrößen in den Naturwissenschaften und in der Medizin nur noch die Maßeinheiten des SI-Systems (Système International d'Unités) zu benutzen. Es beruht auf sieben voneinander unabhängigen Basiseinheiten. Alle anderen Maßeinheiten können von diesen Basiseinheiten abgeleitet werden.

z.B. Geschwindigkeit (Weg pro Zeit) m/s oder $m \cdot s^{-1}$

Beschleunigung (Geschwindigkeitsänderung pro Zeit) m/s^2 oder $m \cdot s^{-2}$

Wird eine zusammengesetzte Einheit zu umständlich, erhält sie eine eigene Bezeichnung mit einem eigenen Symbol.

Basiseinheiten [3]

Basisgröße	Basiseinheit	Symbol
Länge	Meter	m
Masse	Kilogramm	kg
Stoffmenge	Mol	mol
Zeit	Sekunde	s
elektr. Stromstärke	Ampere	A
Temperatur	Kelvin	K
Lichtstärke	Candela	cd

Maßeinheiten

Von SI-Basiseinheiten abgeleitete kohärente Einheiten [3]

Messgröße	Definition	SI-Einheit	Abkürzung	Symbol
Kraft	Masse mal Beschleunigung	$kg \cdot m \cdot s^{-2}$	Newton	N
Arbeit, Energie, Wärmemenge	Kraft mal Weg	$kg \cdot m^2 \cdot s^{-2} = Nm$	Joule	J
Leistung	Arbeit pro Zeit	$kg \cdot m^2 \cdot s^{-3} = Js^{-1}$	Watt	W
Druck	Kraft pro Fläche	$kg \cdot m^{-1} \cdot s^{-2} = Nm^{-2}$	Pascal	Pa
elektr. Spannung	Leistung pro Stromstärke	$kg \cdot m^2 \cdot A^{-1} \cdot s^{-3} = WA^{-1}$	Volt	V
elektr. Widerstand	Spannung pro Stromstärke	$kg \cdot m^2 \cdot A^{-2} \cdot s^{-3} = VA^{-1}$	Ohm	Ω
elektr. Leitfähigkeit	Stromstärke pro Spannung	$A^2 \cdot s^3 \cdot kg^{-1} \cdot m^{-2} = AV^{-1}$	Siemens	S
elektr. Ladung	Stromstärke mal Sekunde	$A \cdot s$	Coulomb	C

Maßeinheiten

Dezimale Vielfache und Teile von Einheiten

Um Zahlen mit langen Ziffernfolgen übersichtlicher handhaben zu können, werden jeweils für den Faktor 1000 spezielle Vorsilben und Symbole benutzt. Kleinere Dezimalschritte sind daneben gebräuchlich im Bereich des häufigsten Zahlenanfalls.

Dezimalskala [3]

	Faktor	Zehner-potenz	Vorsilbe	Symbol
a	1 Billiarde	10^{15}	Peta-	P
	1 Billion	10^{12}	Tera-	T
	1 Milliarde	10^{9}	Giga-	G
	1 Million	10^{6}	Mega-	M
	1 Tausend	10^{3}	Kilo-	k
	1 Tausendstel	10^{-3}	Milli-	m
	1 Millionstel	10^{-6}	Mikro-	µ
	1 Milliardstel	10^{-9}	Nano-	n
	1 Billionstel	10^{-12}	Piko-	p
	1 Billiardstel	10^{-15}	Femto-	f
b	Hundert	10^{2}	Hekto-	h
	Zehn	10^{1}	Deka-	da oder dk
	Zehntel	10^{-1}	Dezi-	d
	Hundertstel	10^{-2}	Zenti-	c

Maßeinheiten

Ältere Maßeinheiten

Für eine wohl noch längere Übergangszeit werden in der Medizin neben den SI-Einheiten auch einige historisch überlieferte Maßeinheiten verwendet werden. Eine Auswahl samt den Umrechnungsfaktoren ist zusammengestellt.

Alte Maßeinheiten und ihre Umrechnung [3]

Alte Maßeinheit		Symbol	Umrechnung in SI-Einheit
Länge::	Ångström	Å	1 Å = 10^{-10} m
Druck:	Quecksilbersäule	mmHg, Torr	1 mmHg = 133,322 Pa
	Meter-Wassersäule	mH_2O	1 mH_2O = 98,0665 kPa
	Bar	bar	1 bar = 100 kPa
	techn. Atmosphäre	at	1 at = 98,0665 kPa
Arbeit:	Kalorie	cal	1 cal = 4,186 J
	Kilowattstunde	kWh	1 KWh = 3600 kJ
	Erg	erg	1 erg = 10^{-7} J
Kraft:	Pond	p	1 p = $9{,}80665 \cdot 10^{-3}$ N
	Dyn	dyn	1 dyn = 10^{-5} N
Leistung:	Pferdestärke	PS	1 PS = 735,5 W
Temperatur:	Grad Celsius	°C	Temperatur in °C = K – 273,14

Abbildungsverzeichnis

[1] Hick, C./Hick, A.: Kurzlehrbuch Physiologie. Urban & Fischer, 4. Auflage, 2002.

[2] Kreutzig, Th.: Kurzlehrbuch Biochemie. Urban & Fischer, 11. Auflage, 2002.

[3] Deetjen et. al.: Physiologie. Urban & Fischer, 4. Auflage, 2004.

[4] Moll, K.-J./Moll, M.: Kurzlehrbuch Anatomie. Urban & Fischer, 17. Auflage, 2002.

[5] Benninghoff, A./Drenkhahn, D.: Anatomie, Band 2. Urban & Fischer, 16. Auflage, 2002.

[6] Braun, Th./Weber, F.

[7] Thews G./Vaupel P.: Vegetative Physiologie. Springer, 4. Auflage, 2001.

[8] Schmidt R.F./Schaible H.-G.: Neuro- und Sinnesphysiologie. Springer, 4. Auflage, 2001.

Inhalt

Abkürzungsverzeichnis

2,3-DPG	2,3-Diphosphoglycerat
ACh	Acetylcholin
ACTH	adrenocorticotropes Hormon
ADH	antidiuretisches Hormon, Adiuretin
ADP	Adenosindiphosphat
ANP	atriales natriuretisches Peptid
AP	Aktionspotential
APC	Antigenpräsentierende Zellen
ATP	Adenosintriphosphat
BSG	Blutsenkungsgeschwindigkeit
cAMP	zyklisches Adenosinmonophosphat
CCK	Cholecystokinin
cGMP	zyklisches Guanosinmonophosphat
CRH	Corticotropin releasing hormone
CRP	C-reaktives Protein
EKG	Elektrokardiogramm
ER	endoplasmatisches Retikulum
FEV	forciertes Exspirationsvolumen
FSH	Follikelstimulierendes Hormon
GABA	Gammaaminobuttersäure
GFR	glomeruläre Filtrationsrate
GIP	gastrisches inhibitorisches Polypeptid
GnRH	Gonadotropin releasing hormone
GRP	Gastrin-Releasing-Peptid (Synonym Bombesin)
Hb	Hämoglobin
HZV	Herzzeitvolumen
Ig	Immunglobulin
KG	Körpergewicht
LH	luteinisierendes Hormon
MCH	mean corpuscular hemoglobin
MCHC	mean corpuscular hemoglobin concentration
MCV	mean corpuscular volume
MHC	major histocompatibility complex
NNM	Nebennierenmark
NO	Stickstoffmonoxid
pCO_2	Kohlendioxidpartialdruck
pO_2	Sauerstoffpartialdruck
PTT	partielle Thromboplastinzeit
RBF	renaler Blutfluss
RES	retikulo-endotheliales System
RH	releasing hormone
Rh	Rhesusfaktor
RPF	renaler Plasmafluss
RQ	respiratorischer Quotient
RR	Blutdruck
RV	Residualvolumen
SR	sarkoplasmatisches Retikulum
TC	Totalkapazität
TCR	T-Zell-Rezeptor
TRH	Thyreotropin releasing hormone
TSH	Thyreoidea-stimulierendes Hormon
TT	Thrombinzeit
VC	Vitalkapazität
vWF	von-Willebrand-Faktor

Vorwort

Liebe Studentinnen und Studenten,

die Physiologie zählt zu den anspruchsvollsten Fächern der vorklinischen Ausbildung. Im klinischen Studienabschnitt werdet ihr sicher feststellen, dass fundierte physiologische Kenntnisse das Verständnis vieler Krankheiten einschließlich deren Diagnostik und Therapie sehr erleichtern. Unbedingt solltet ihr euch mit einem guten Physiologie-Lehrbuch das Verständniswissen dieses Fachs aneignen. Mit diesen Lernkarten wollen wir euch die zusätzliche Möglichkeit geben, euch flexibel und effizient auf mündliche und schriftliche Prüfungen vorzubereiten: Ihr könnt z.B. aus dem Set beliebige Karten als „Lernportionen" entnehmen, auf denen ihr alle prüfungsrelevanten Fakten zum jeweiligen Thema findet. Als Training für die mündliche Prüfung bietet es sich an, zu den Schlagworten auf der Kartenvorderseite zu prüfen, ob man selbstständig ein paar Sätze zu diesem Stichwort formulieren könnte.

Für die kompetente Betreuung des Projekts bedanken wir uns ganz herzlich bei Frau Dr. Kathrin Feyl und Frau Wiltrud Haas sowie bei Frau Dr. Katja Weimann und Frau Susanne Szczepanek von Elsevier Urban & Fischer.

Für eure Verbesserungsvorschläge und Kommentare sind wir jederzeit dankbar.

Für euer weiteres Medizinstudium wünschen wir euch viel Erfolg!

München, März 2009

Thomas Braun
Florian Weber

Benutzerhinweise

Der Aufbau der Karten ist eng am GK1 und an den vom IMPP gestellten Fragen orientiert.
Die prüfungsrelevanten Themen sind farbig gekennzeichnet.

Die Unterkapitel (z. B. 2.1 Hämatologie) sind nach ihrer Relevanz im Physikum eingeteilt:

nicht so wichtig

wichtiger

sehr wichtig

Die Kartennummer steht rechts oben auf der Karte, die Anzahl der Karten pro Kapitel ist rechts unten angegeben (z. B. 3/21 → 3. Karte von 21 in Kapitel 2). So findet man sich leicht zurecht.

Nun kann's losgehen!
Viel Spaß beim Lernen mit den Karten und viel Glück bei der Prüfung!

Benutzerhinweise

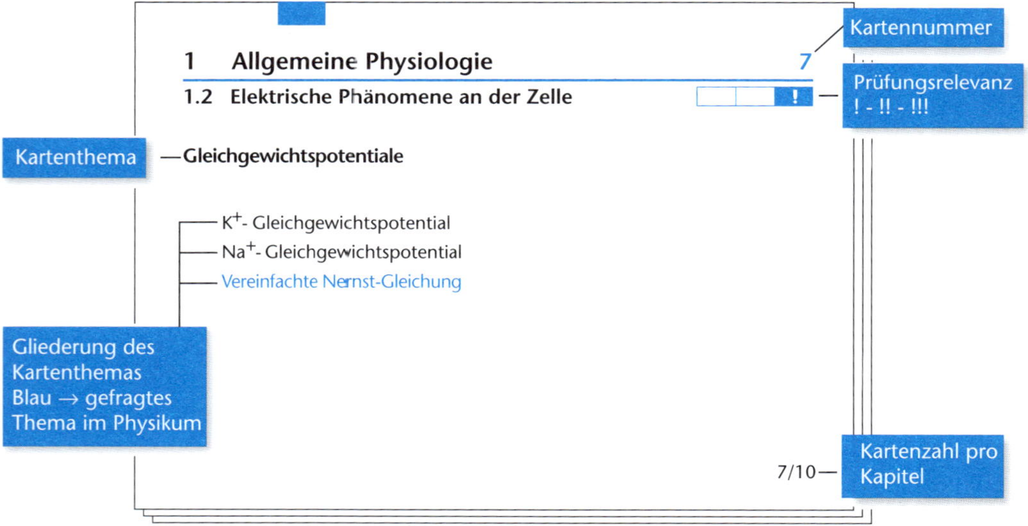

Zuschriften und Kritik an:
**Elsevier GmbH, Urban & Fischer Verlag, Lektorat Medizinstudium, Hackerbrücke 6, 80335 München,
E-mail: medizinstudium@elsevier.de**

Wichtiger Hinweis für den Benutzer
Die Erkenntnisse in der Medizin unterliegen laufendem Wandel durch Forschung und klinische Erfahrungen. Herausgeber und Autoren dieses Werkes haben große Sorgfalt darauf verwendet, dass die in diesem Werk gemachten therapeutischen Angaben (insbesondere hinsichtlich Indikation, Dosierung und unerwünschter Wirkungen) dem derzeitigen Wissensstand entsprechen. Das entbindet den Nutzer dieses Werkes aber nicht von der Verpflichtung, anhand der Beipackzettel zu verschreibender Präparate zu überprüfen, ob die dort gemachten Angaben von denen in diesem Buch abweichen, und seine Verordnung in eigener Verantwortung zu treffen.

Bibliografische Information der Deutschen Bibliothek
Die Deutsche Bibliothek verzeichnet diese Publikation in der Deutschen Nationalbibliografie; detaillierte bibliografische Daten sind im Internet unter http://dnb.ddb.de abrufbar.

2. Auflage 2009

Der Urban & Fischer Verlag ist ein Imprint der Elsevier GmbH.
09 10 11 12 5 4 3 2 1

Programmleitung: Dr. Dorothea Hennessen
Lektorat: Dr. Katja Weimann, Dipl.-Biol. Susanne Szczepanek
Redaktion: Dr. Regina von Maydell
Herstellung: Christine Jehl
Satz: Mitterweger & Partner, Plankstadt
Druck und Bindung: Print Consult, Gründwald
Bildquelle: FOCUS
Covergestaltung: Spieszdesign, Büro für Gestaltung, Neu-Ulm

Gedruckt auf Eurobulk 150 g 1,1 Volumen

ISBN 978-3-437-43681-9

Florian Weber Thomas Braun

Lernkarten Physiologie

Die komplette Physiologie in einem Set

2., vollständig überarbeitete Auflage

ELSEVIER
URBAN & FISCHER

URBAN & FISCHER München